Heike Homrighausen

KomplettTrainer

Mathematik 6

G Gymnasium

Klett Lerntraining

Heike Homrighausen ist Gymnasiallehrerin für die Fächer Mathematik und Geschichte in Baden-Württemberg.

Bildnachweis: Fotos S. 11: Europäische Zentralbank, Frankfurt; S. 27: Elmar Feuerbach, Stuttgart; S. 82: MEV Verlag GmbH, Augsburg

Bibliografische Information der Deutschen Bibliothek
Die Deutsche Bibliothek verzeichnet diese Publikation in der Deutschen Nationalbibliografie; detaillierte bibliografische Daten sind im Internet über http://dnb.ddb.de abrufbar.

Auflage 4. 3. 2. 1. | 2012 2011 2010 2009

Internetadresse: www.klett.de
Mathematische Zeichnungen: Christian Homrighausen, Stuttgart; Sandra Oehler, Remseck
Naomi Fearn, Berlin: S. 57, 59, 69, 75, 97, 111, 141, 146
Steffen Jähde, Berlin: S.16, 21, 23, 25, 27, 29, 31, 37, 48, 65, 83, 98, 129, 135
Umschlaggestaltung: Sabine Krohberger Grafikdesign, München
Umschlagfoto: Fotosearch Stock Photography, USA.
Satz: SMP Sandra Oehler, Remseck
Reproduktionen: Meyle + Müller, Medien-Management, Pforzheim
Druck: G. Canale & C. S. p. A.
Printed in Europe
ISBN 978-3-12-927163-6
9 783129 271636

Vorwort

Alle Tests auf einen Blick

Liebe Schülerin, lieber Schüler,

der **KomplettTrainer Mathematik Gymnasium 6. Schuljahr** ist genau das richtige Buch für dich

- weil du den **kompletten** Lernstoff mit **einem Buch** wiederholen kannst,
- weil du wichtige **Regeln, Formeln und Merksätze mit Beispielen** auf einen Blick erfasst,
- weil du in vielen **Aufgaben** und **Tests** mit **ausführlichen Lösungen** das Gelernte **übst** und
- weil du damit gut vorbereitet in die **nächste Klassenarbeit** oder einen **Test** gehst.

So lernst du mit diesem Buch:

In der Kopfzeile findest du die 4 Rubriken *Wissen, Übungen, Test, Checkliste*. Rot hervorgehoben ist jeweils die Rubrik, in der du dich gerade befindest.

Wissen	Übungen	Test	

Wissen Hier kannst du Regeln, wichtige Formeln, Merksätze, Beispiele und Tipps zu Vorgehensweisen nachschlagen.

Übungen An vielen Übungsaufgaben in unterschiedlichen Schwierigkeitsstufen kannst du üben, üben, üben … bis du den Stoff sicher beherrscht.

Test Der Test am Ende des Kapitels zeigt dir, wie gut du bist.

Checkliste Die Checkliste liefert dir die Auswertung des Tests und gibt dir Tipps, in welchen Bereichen du dich verbessern kannst.

Lösungen Hier kannst du sofort überprüfen, ob du die Aufgaben richtig gelöst hast.

Viel Erfolg wünschen dir dein Autor und die Redakteure von Klett Lerntraining.

1 Rationale Zahlen

1.1 Brüche und Anteile

Es gibt viele Möglichkeiten, Anteile zu beschreiben. Du kennst schon $\frac{3}{4}$ oder $\frac{1}{2}$ oder du sagst zum Beispiel „3 von 4". Solche Anteile nennt man auch Brüche.

Auf dieser Doppelseite trainierst du Anteile als Bruch zu schreiben und darzustellen.

Was ist ein Bruch?

Brüche beschreiben den Anteil an einem Ganzen. Ein Bruch besteht aus **Zähler**, **Bruchstrich** und **Nenner**. Der Zähler zählt die Teile, der Nenner nennt dir, aus wie vielen gleich großen Teilen das Ganze besteht.

$$\frac{3}{8}$$

3 → Zähler

8 → Nenner

$\frac{3}{8}$ bedeutet: Teile das Ganze in acht gleich große Teile und nimm drei davon.

Es gibt:
- **echte Brüche**: Der Zähler ist kleiner als der Nenner.
- **Stammbrüche**: Der Zähler ist immer 1.
- **unechte Brüche**: Der Zähler ist größer als der Nenner. Du kannst einen unechten Bruch als gemischte Zahl schreiben.

Beispiele:

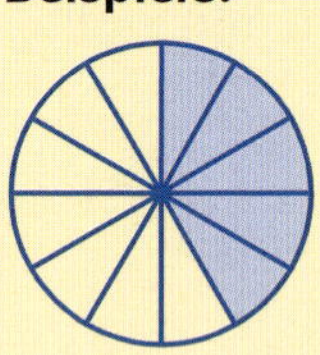

$\frac{5}{12}$

1) So kannst du Anteile bestimmen:
1. Zähle oder miss **alle hervorgehobenen** Teile, sie kommen in den Zähler.
2. Zähle **alle** Teile oder miss das **ganze** Stück. Diese Zahl schreibst du in den Nenner.

Beachte
Alle Teile müssen gleich groß sein!

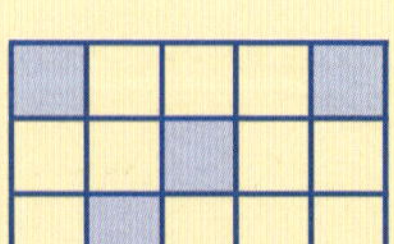

2) So kannst du $\frac{4}{15}$ darstellen:
1. Unterteile die Figur in so viele gleich große Teile, wie im Nenner steht, also 15.
2. Färbe so viele Teile, wie im Zähler angegeben sind, also 4.

1

Welche Anteile sind gefärbt? Schreibe als Bruch und in Worten. Welcher Anteil ist dann nicht gefärbt?

a)

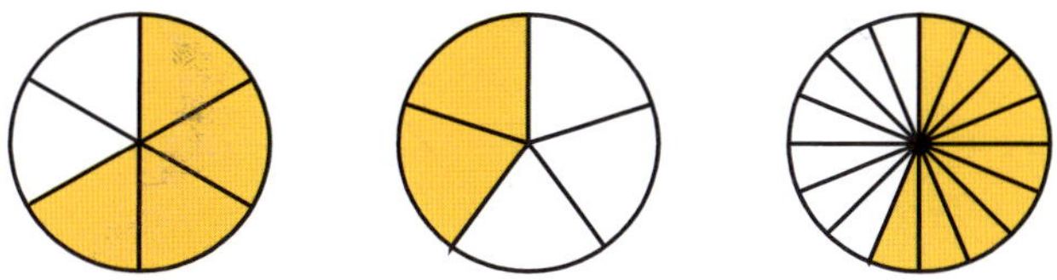

b)

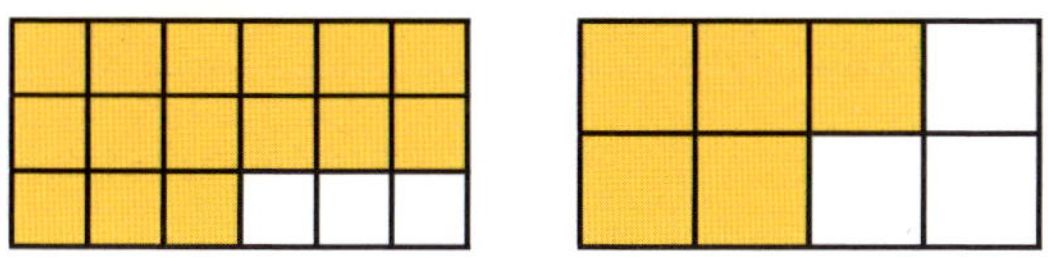

c)

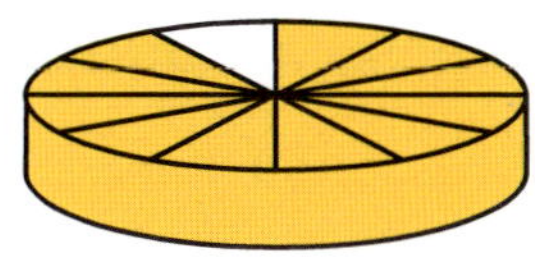

2

Stelle die Brüche auf Karopapier bildlich dar. Wähle günstige Maße.

a) $\frac{3}{4}$; $\frac{3}{12}$; $\frac{5}{6}$; $\frac{2}{3}$ als Teil eines Kreises

b) $\frac{3}{8}$; $\frac{15}{16}$; $\frac{4}{5}$; $\frac{2}{7}$; $\frac{2}{3}$ als Teil eines Rechtecks

c) $\frac{1}{4}$; $\frac{3}{5}$; $\frac{4}{10}$; $\frac{4}{9}$; $\frac{3}{13}$ als Teil einer Strecke

3

Hier sind Bruchteile eines Ganzen dargestellt. Ergänze die Teile jeweils zur ganzen Figur.

a) $\frac{1}{4}$

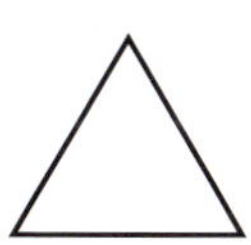

b) $\frac{2}{3}$

c) $\frac{1}{2}$

4

Überprüfe, ob die Darstellungen der Brüche richtig sind, und korrigiere sie. Erkläre, was an den fehlerhaften Darstellungen falsch ist.

a) $\frac{1}{3}$

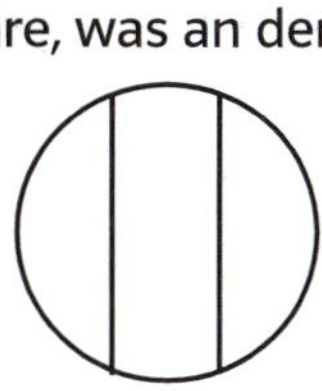

b) $\frac{4}{16}$

c) $\frac{6}{8}$

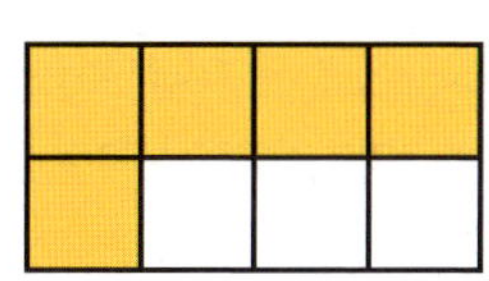

1.2 Brüche und gemischte Zahlen

Ein Fußballspiel mit Halbzeit dauert $1\frac{3}{4}$ Stunden, ein Kinofilm kann eine Länge von $2\frac{1}{4}$ Stunden haben. Da gemischte Zahlen im Alltag häufig vorkommen, ist es wichtig, dass du den Umgang mit ihnen gut beherrschst. Deshalb trainierst du auf den nächsten zwei Seiten Brüche in gemischte Zahlen umzuwandeln und umgekehrt.

Brüche als Quotienten natürlicher Zahlen

Beachte
$\frac{2}{0}$ geht nicht, da durch 0 nicht geteilt werden darf!

Statt „3 von 4" oder 3 : 4 kannst du auch $\frac{3}{4}$ schreiben. Der **Bruchstrich** bedeutet im Grunde also nichts anderes als **Dividieren**.
So werden ganze Zahlen als Quotienten mit dem Nenner 1 geschrieben, auch Quotienten mit dem Zähler 0 kannst du als Bruch schreiben.

Beispiele: $5 = 5:1 = \frac{5}{1}$; $0:3 = \frac{0}{3}$

Was ist eine gemischte Zahl?

Eine gemischte Zahl besteht aus einer ganzen Zahl und einem Bruch.

Beispiele:

$1\frac{1}{2}$, $5\frac{1}{6}$, $2\frac{3}{4}$ oder $3\frac{4}{5}$ sind gemischte Zahlen.

So wandelst du eine gemischte Zahl in einen Bruch um

Multipliziere die ganze Zahl mit dem Nenner und addiere dann den Zähler. Das Ergebnis schreibst du in den Zähler, den Nenner behältst du bei.

Beispiel:

$2\frac{1}{4}$ bedeutet 2 Ganze und 1 Viertel. Also gilt:

$2\frac{1}{4} = \frac{2 \cdot 4 + 1}{4} = \frac{9}{4}$

So wandelst du einen Bruch in eine gemischte Zahl um

Teile den Zähler durch den Nenner. Die Ganzen schreibst du vor den Bruch. Der Rest kommt in den Zähler, den Nenner behältst du bei.

Beispiel:

$\frac{17}{5}$ sollen umgewandelt werden.

Rechne so:

17 : 5 = 3 Rest 2, also gilt:

$\frac{17}{5} = 3\frac{2}{5}$

1
Schreibe als Bruch. Kürze, wenn möglich.

a) $3\frac{1}{2}$ b) $5\frac{3}{5}$ c) $7\frac{7}{9}$ d) $10\frac{4}{8}$

e) $8\frac{7}{15}$ f) $2\frac{25}{100}$ g) $13\frac{2}{3}$ h) $6\frac{10}{12}$

2
Verteile gerecht.

a) Drei Kinder teilen sich vier Tafeln Schokolade.

b) Für 12 Kinder gibt es neun Mini-Pizzas.

c) Vier Kinder teilen sich sechs Äpfel.

3
Wandle die Brüche in gemischte Zahlen um.

a) $\frac{7}{3}$ b) $\frac{5}{2}$ c) $\frac{27}{10}$ d) $\frac{45}{4}$

e) $\frac{43}{5}$ f) $\frac{29}{6}$ g) $\frac{39}{7}$ h) $\frac{73}{8}$

4
Dividiere schriftlich und wandle die Brüche in gemischte Zahlen um.

a) $\frac{133}{16}$ b) $\frac{654}{23}$ c) $\frac{765}{35}$ d) $\frac{8452}{62}$

5
Schreibe als gemischte Zahl und als Bruch.

a)
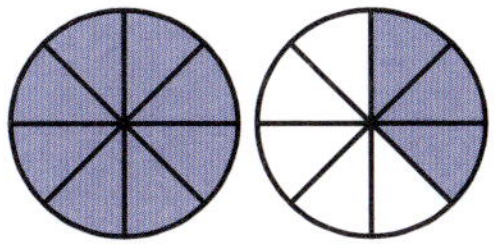

b)
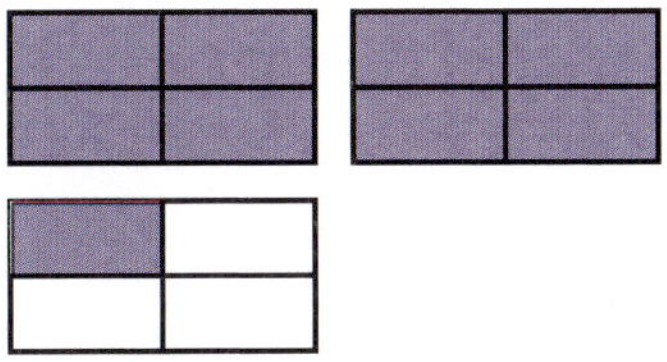

c)
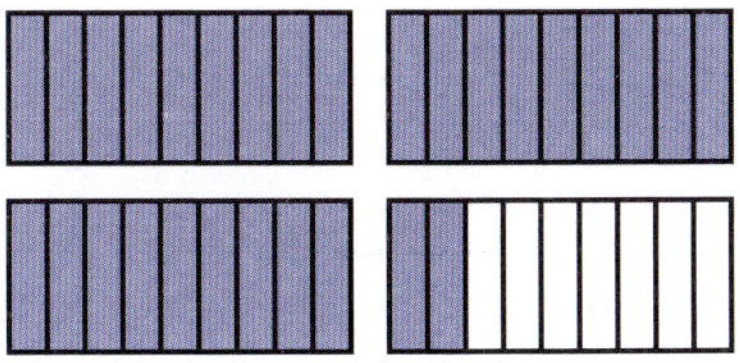

d)
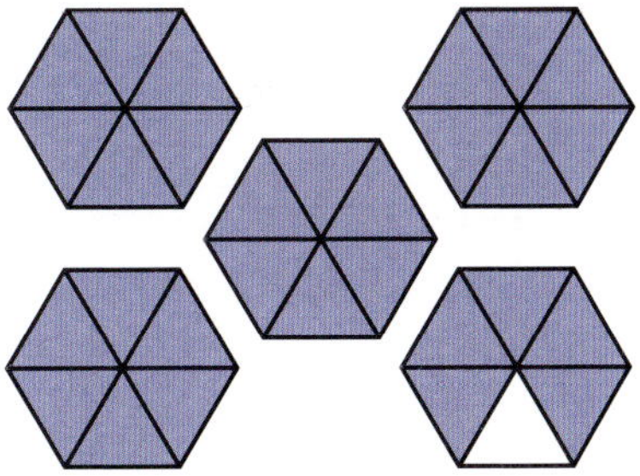

1.3 Bruchteile von Größen

Oft findest du Brüche in Verbindung mit Maßeinheiten wie beispielsweise $\frac{1}{2}$ kg, $\frac{3}{4}$ h oder aber auch $\frac{2}{3}$ von 24 Schülern.
Hier trainierst du, wie du Bruchteile von Größen berechnen kannst.

So berechnest du Bruchteile von Größen

*Umrechnungszahl bei **Gewichten** ist immer **1000**!*

1000 mg = 1 g
1000 g = 1 kg
1000 kg = 1 t

$\frac{1}{2}$ bedeutet: Teile das Ganze durch 2 und nimm 1 Teil.

$\frac{3}{4}$ bedeutet: Teile das Ganze durch 4 und nimm 3 Teile.

Beispiele:

$\frac{1}{2}$ kg $= \underbrace{1000\,g : 2} \cdot 1$
$= 500\,g \cdot 1 = 500\,g$

$\frac{3}{4}$ h $= \underbrace{60\,min : 4} \cdot 3$
$= 15\,min \cdot 3 = 45\,min$

Allgemein gilt:
Du bestimmst einen Anteil des Ganzen, indem du das Ganze durch den Nenner teilst und mit dem Zähler multiplizierst. Denke daran, dass du zuerst manche Größen **in die kleinere Maßeinheit umwandeln** musst.

*Umrechnungszahl bei **Flächenmaßen** ist immer **100**!*

100 mm² = 1 cm²
100 cm² = 1 dm²
100 dm² = 1 m²
100 m² = 1 a
100 a = 1 ha
100 ha = 1 km²

Beispiel:
Wandle die Größen so um, dass du natürliche Maßzahlen erhältst.

a) $\frac{2}{3}$ von 24 Schülern
So musst du rechnen:
$\underbrace{24\text{ Schüler} : 3} \cdot 2$
$= 8\text{ Schüler} \cdot 2 = 16\text{ Schüler}$

b) $\frac{6}{10}$ von 4 a
So musst du rechnen: 4 a = 400 m²
$\underbrace{400\,m^2 : 10} \cdot 6$
$= 40\,m^2 \cdot 6 = 240\,m^2$

Daniel berechnet $\frac{6}{10}$ von 4 a so:
$\underbrace{400\,m^2 \cdot 6} : 10$
$= 2400\,m^2 : 10$
$= 240\,m^2$

Vergleiche sein Vorgehen mit der Regel. Erkläre.

1

Schreibe auf, wo dir schon überall Brüche begegnet sind, und übersetze alle Angaben so, dass keine Brüche mehr auftauchen.
Beispiel: Die Tagesschau dauert eine $\frac{1}{4}$ Stunde, also 15 Minuten.

2

Gib die folgenden Größen ohne Bruch an.

a) $\frac{1}{2}$km; $\frac{3}{4}$m; $\frac{1}{10}$dm
b) $\frac{1}{2}$h; $\frac{3}{4}$h; $\frac{1}{3}$h
c) $\frac{7}{8}$kg; $\frac{1}{4}$t; $\frac{4}{5}$g
d) $\frac{1}{20}$m²; $\frac{3}{50}$dm²; $\frac{2}{8}$ha

*Umrechnungszahl bei **Längen** ist immer **10**!*
10 mm = 1 cm
10 cm = 1 dm
10 dm = 1 m
[10 m = 1 dam]
[10 dam = 1 hm]
[10 hm] = 1000 m = 1 km

[Die Bezeichnung dam = Dekameter und hm = Hektometer werden normalerweise nicht verwendet.]

3

Wandle die Größen so um, dass du Brüche erhältst. Erkläre, wie du vorgehen musst.

a) 5 cm; 10 dm; 250 m
b) 375 g; 750 kg; 200 mg

4

Leonardo da Vinci (1452–1519) beschreibt die idealen Maße des Menschen so: „Die gesamte Hand entspricht einem Zehntel der Körpergröße. Der Fuß macht den siebenten Teil der Größe eines Menschen aus. Vom Kinn bis zum Scheitel ist es ein Achtel. Die Entfernung von der Kinnspitze bis zur Nase und vom Haaransatz zu den Augenbrauen ist immer die gleiche und entspricht, wie das Ohr, einem Drittel des Gesichtes."
Miss deine Körpergröße. Wie lang müssten deine Hände, deine Füße, dein Gesicht oder deine Ohren nach da Vinci sein?

5

„Die letzte Mathearbeit ist miserabel ausgefallen", jammert der Lehrer. „Mehr als zwei Drittel haben eine Vier oder schlechter geschrieben."

Note	1	2	3	4	5	6
Schüler	1	3	6	7	5	2

Hat der Lehrer Recht? Begründe.

6

Jonas schneidet die Spitze des Dreiecks ab.
Welcher Anteil fehlt ihm jetzt?

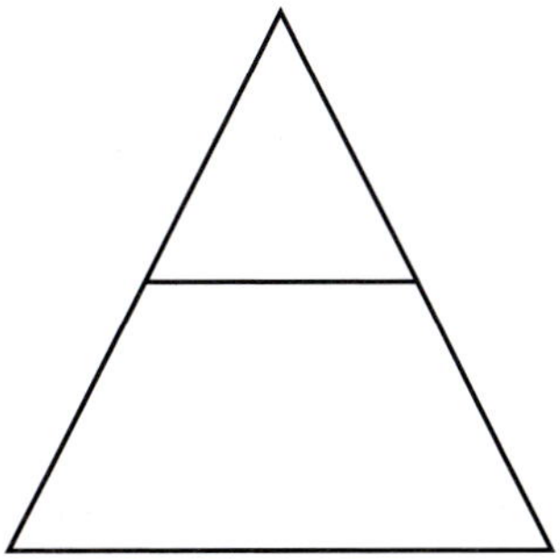

So kannst du den Flächeninhalt eines Dreiecks berechnen:
$A_{Dreieck}$ = Grundseite · Höhe : 2

1.4 Erweitern und Kürzen von Brüchen

Verschiedene Brüche können denselben Anteil beschreiben.
So ist

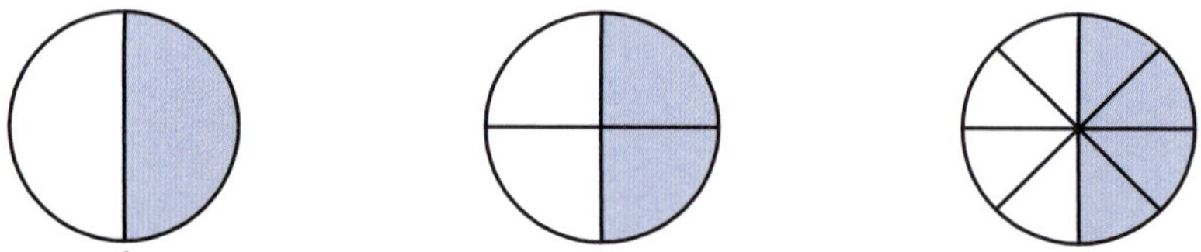

$$\frac{1}{2} = \frac{2}{4} = \frac{4}{8}$$

In diesem Abschnitt trainierst du, wie du durch Erweitern und Kürzen verschiedene Brüche erhältst, die den gleichen Wert haben.

So musst du Brüche erweitern und kürzen

Merke
Einen vollständig gekürzten Bruch kannst du nicht weiter kürzen!

Beim **Erweitern** musst du Zähler und Nenner mit der gleichen, von 0 verschiedenen Zahl **multiplizieren.** Anschaulich bedeutet Erweitern, dass der gefärbte Teil gleich groß bleibt, dass du aber eine feinere Unterteilung einzeichnen musst.

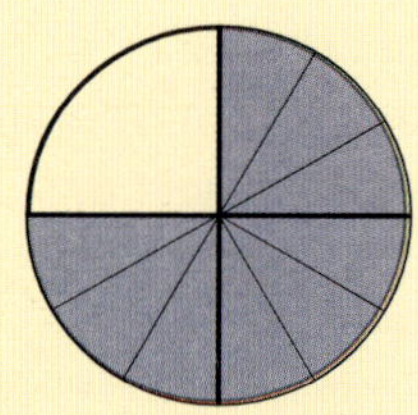

Beim **Kürzen** musst du Zähler und Nenner durch die gleiche, von 0 verschiedene Zahl **dividieren.**
Kürzen bedeutet anschaulich, dass der gefärbte Teil gleich groß bleibt, dass du aber eine gröbere Unterteilung einzeichnen musst.

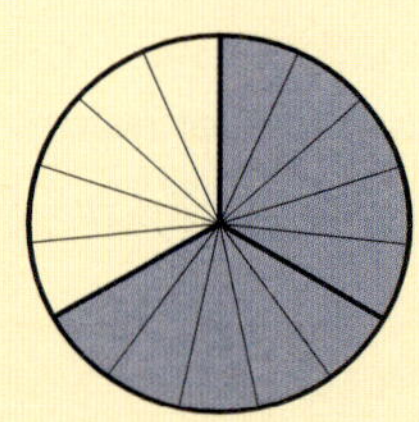

Beispiele:

a) Erweitere $\frac{2}{9}$ mit 5

Multipliziere Zähler **und** Nenner mit 5
$\frac{2 \cdot 5}{9 \cdot 5} = \frac{10}{45}$

b) Kürze $\frac{28}{42}$ vollständig

Hier kannst du schrittweise vorgehen:
$\frac{28}{42} = \frac{28:2}{42:2} = \frac{14}{21} = \frac{14:7}{21:7} = \frac{2}{3}$

1

Erweitere die Brüche jeweils mit 2, 3, 5, 6, 10

a) $\frac{1}{4}$ b) $\frac{3}{2}$ c) $\frac{4}{7}$ d) $\frac{6}{11}$

2

Erweitere die Brüche auf den angegebenen, gemeinsamen Nenner.

a) Nenner 16: $\frac{1}{2}; \frac{3}{4}; \frac{2}{1}; \frac{5}{8}$ b) Nenner 20: $\frac{3}{10}; \frac{2}{5}; \frac{3}{4}; \frac{3}{2}$

3

Mit welchen Zahlen kannst du die Brüche kürzen? Rechne.

a) $\frac{4}{16}$ b) $\frac{15}{60}$ c) $\frac{20}{80}$ d) $\frac{21}{28}$

4

Kürze vollständig.

a) $\frac{4}{16}$ b) $\frac{16}{20}$ c) $\frac{40}{60}$ d) $\frac{36}{48}$

5

Hier sind einige Zahlen verloren gegangen. Ergänze sie.

a) $\frac{3}{4} = \frac{\square}{8}$ b) $\frac{13}{20} = \frac{39}{\square}$ c) $\frac{\square}{24} = \frac{5}{6} = \frac{35}{\square}$

6

a) Schreibe drei Brüche mit dem Zähler 5 auf, die man nicht kürzen kann.
b) Welchen Bruch kannst du mit den Zahlen 2, 3 und 4 kürzen?

7

Welche Aufgaben sind richtig? Korrigiere die falschen.

a) $\frac{10}{15} = \frac{3}{2}$ b) $\frac{49}{63} = \frac{7}{9}$ c) $\frac{2}{4} = \frac{0}{2} = 0$

8

Richtig oder falsch – korrigiere die falschen Behauptungen.

a) Wenn der Zähler und der Nenner verdoppelt werden, wird der Wert des Bruches doppelt so groß.
b) Einen echten Bruch mit dem Zähler 1 kann man nicht kürzen.
c) Wenn der Nenner eine ungerade Zahl größer 1 ist, kann man einen Bruch nicht mehr kürzen.

1.5 Brüche und Prozente

Bisher hast du gelernt, wie du zur Beschreibung von Anteilen Brüche verwendest. Du kannst dafür aber auch die Prozentschreibweise benutzen. In diesem Kapitelteil trainierst du
- Anteile in Prozent auszudrücken,
- prozentuale Anteile zu bestimmen und darzustellen.

Was sind Prozente?

Eine besondere Schreibweise von Anteilen sind Prozente (kurz: %). Als Prozent bezeichnet man den **Anteil an einem Ganzen in Hundersteln.**
Es ist **1 Prozent** = $1\% = \frac{1}{100}$ **und** $p\% = \frac{p}{100}$.
Damit du einen beliebigen Anteil in Prozent angeben kannst, musst du ihn zuerst als Bruch mit dem Nenner 100 schreiben.

Was sind Promille?

Den Anteil $\frac{1}{1000}$ kannst du nicht mit dem Nenner 100 schreiben, also auch nicht als Prozentangabe. Doch auch für $\frac{1}{1000}$ gibt es einen Namen.
Es ist $\frac{1}{1000}$ = **1 Promille = 1‰.**

Beispiele:

a) Wandle die Prozentangabe in einen Bruch um.
Dabei kannst du so vorgehen:
1. Schreibe die Prozentzahl in den Zähler und 100 in den Nenner.
2. Kürze den Bruch vollständig.

$2\% = \frac{2}{100} = \frac{1}{50}$

b) Wandle den Bruch in Prozent um.
Dabei kannst du so vorgehen:
1. Erweitere den Bruch so, dass im Nenner 100 steht.
2. Der Zähler liefert dir die Prozentzahl.

$\frac{7}{20} = \frac{7 \cdot 5}{20 \cdot 5} = \frac{35}{100} = 35\%$

So bestimmst du den Anteil in Prozent

Die Schüler einer 6. Klasse wurden nach ihrem Lieblingshobby gefragt. Die Tabelle zeigt das Ergebnis der Umfrage.

Sport	PC	Lesen	TV
12	9	6	3

1. Zähle alle Stimmen zusammen, so erhältst du das Ganze. Diese Zahl muss im Nenner stehen!
2. Schreibe die Anteile als Bruch mit dem Umfrageergebnis im Zähler.
3. Wandle den Bruch in eine Prozentangabe um.

$12 + 9 + 6 + 3 = 30$

Sport: $\frac{12}{30} = \frac{2}{5} = \frac{40}{100} = 40\,\%$

PC: $\frac{9}{30} = \frac{3}{10} = \frac{30}{100} = 30\,\%$

Lesen: $\frac{6}{30} = \frac{1}{5} = \frac{20}{100} = 20\,\%$

TV: $\frac{3}{30} = \frac{1}{10} = \frac{10}{100} = 10\,\%$

So berechnest du Prozentangaben von Größen

Beispiel: Wie viel sind 75% von 360 €?

1. Wandle die Prozentangabe in einen vollständig gekürzten Bruch um. $75\,\% = \frac{75}{100} = \frac{3}{4}$
2. Dividiere die Größe durch den Nenner und multipliziere mit dem Zähler. $360\,€ : 4 \cdot 3 = 270\,€$

1

Schreibe als Bruch und kürze, wenn möglich.

a) 5 % b) 60 % c) 70 % d) 85 % e) 200 %
f) 2 ‰ g) 5 ‰ h) 20 ‰ i) 100 ‰ j) 300 ‰

2

Wandle die Brüche in Prozentangaben um und lerne sie auswendig. Da sie häufig vorkommen, kannst du dir viel Rechenarbeit ersparen.

a) $\frac{1}{100}$ b) $\frac{1}{10}$ c) $\frac{1}{2}$ d) $\frac{1}{4}$ e) $\frac{3}{4}$
f) $\frac{1}{5}$ g) $\frac{2}{5}$ h) $\frac{1}{20}$ i) $\frac{1}{25}$ j) $\frac{1}{50}$

3

Schreibe als Prozent.

a) $\frac{17}{100}$ b) $\frac{4}{5}$ c) $\frac{30}{50}$ d) $\frac{40}{200}$ e) $\frac{17}{25}$

4

Welcher Anteil ist gefärbt? Schreibe die Anteile in Prozent.

a) 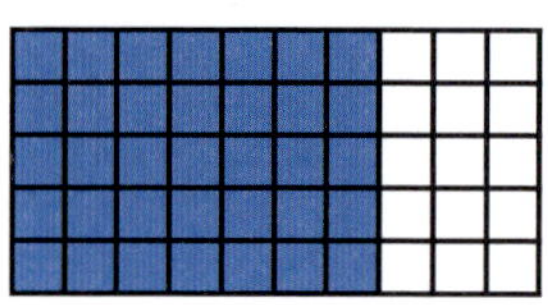

b) 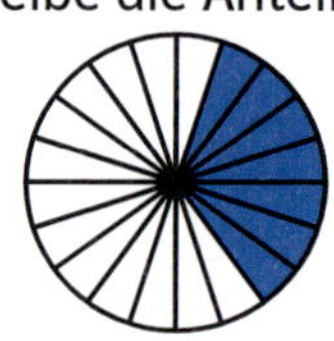

c) ★★★★★★★★★★
★★★★★★☆☆☆☆
☆☆☆☆☆

5

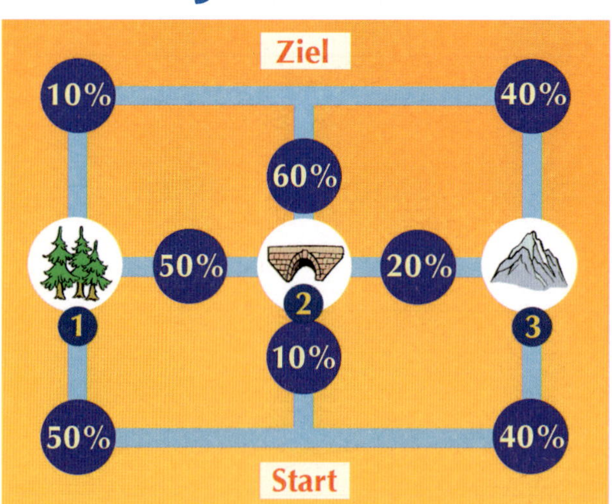

Beate, Daniela und Jens haben drei Wege zur Wahl. Jeder hat als Startkapital 100 Goldtaler. Unterwegs müssen sie an verschiedenen Zahlstationen einen bestimmten Teil ihres Startkapitals zahlen. Beate wählt Weg 1 und gelangt durch den Wald zum Ziel, Daniela nimmt Weg 2 über die Brücke und Jens geht über den Berg.

a) Welcher Weg ist der billigste?
b) Dirk zahlt noch weniger als die drei. Welchen Weg hat er gewählt?

6

Die Luft, die du einatmest, ist ein Gemisch aus verschiedenen Gasen, deren Anteile unterschiedlich groß sind. Vergleiche, indem du die Anteile in Prozent umrechnest.

Zu den Edelgasen gehört u.a. auch Helium. Damit füllt man Luftballons, die fliegen können.

Gas	Edelgase	Kohlendioxid	Sauerstoff	Stickstoff
in 5000 g Luft	50 g	15 g	1050 g	3900 g
Anteil in %				

7

Berechne so weit wie möglich im Kopf. Wie viel sind …?

a) 10 % von 570 g
b) 20 % von 120 €
c) 25 % von 44 m^2
d) 75 % von 4000 m
e) 5 % von 10 €
f) 150 % von 6 €
g) 5 ‰ von 1 kg
h) 2 ‰ von 1000 €

8

Große Rabattaktion! Alle Preise radikal reduziert.
Verbinde die Schilder mit den zugehörigen Geldbeträgen.

~~240 €~~ 25 % billiger	~~250 €~~ 40 % billiger	~~210 €~~ 30 % billiger
150 €	180 €	147 €

9

Jonathan und Samuel beobachten den Verkehr an zwei verschiedenen Straßen. Jonathan zählt in einer Stunde 25 LKW, Samuel 37. Was müsstest du noch wissen, damit du beurteilen kannst, welche Straße stärker mit Verkehr belastet ist?

1.6 Dezimalzahlen – Dezimalbrüche

Dezimalbrüche (auch Dezimalzahlen oder Kommazahlen) begegnen dir jeden Tag, z. B. beim Bezahlen oder im Sport. Du weißt, dass 0,49 € das Gleiche wie 49 ct sind oder 3,50 m im Weitsprung 350 cm entsprechen.
In diesem Kapitel trainierst du
- Dezimalbrüche in Brüche umzuwandeln,
- Brüche als Dezimalzahlen zu schreiben.

Was sind Dezimalbrüche?

Wusstest du schon …?
„Dezi" kommt aus dem Lateinischen und bedeutet „Zehntel". Du weißt, dass 1 m = 10 dm ist. Du kannst aber auch sagen: 1 dm = $\frac{1}{10}$ m.

Zahlen in Dezimalschreibweise haben ein Komma. Vor dem Komma stehen die Ganzen, hinter dem Komma die Bruchteile ein Zehntel $\left(\frac{1}{10}\right)$, ein Hundertstel $\left(\frac{1}{100}\right)$, ein Tausendstel $\left(\frac{1}{1000}\right)$ usw.

Deshalb heißen Zahlen in Dezimalschreibweise **Dezimalbrüche** oder kurz **Dezimalzahlen.**
Du kannst dir Dezimalbrüche in einer Stellenwerttafel veranschaulichen.

Z	E	$\frac{1}{10}$	$\frac{1}{100}$	$\frac{1}{1000}$
	0	1		
1	2	0	6	

$0{,}1 = \frac{1}{10}$ $\qquad 12{,}06 = \frac{1206}{100}$

So schreibst du eine Dezimalzahl als Bruch

Zähle die Stellen nach dem Komma. Zwei Stellen nach dem Komma bedeutet Hunderstel. Schreibe die Zahl ohne Komma in den Zähler, im Nenner steht 100. Kürze den Bruch vollständig.

Beispiel: $1{,}12 = \frac{112}{100} = \frac{28}{25}$

So schreibst du einen Bruch als Dezimalzahl

Beachte
Brüche mit Nennern wie 3, 6, 7, … kannst du so nicht als Dezimalzahl schreiben, weil sie sich nicht auf 10, 100, … erweitern lassen.

Um einen Bruch als Dezimalzahl zu schreiben, musst du ihn so erweitern, dass im Nenner 10, 100, 1000, … steht. Dann trennst du bei der Zahl im Zähler so viele Stellen von rechts mit dem Komma ab, wie Nullen im Nenner sind.

Beispiel: $\frac{3}{4} = \frac{75}{100} = 0{,}75$

1

Schreibe die Dezimalzahlen als Bruch.

a) 5,72 b) 0,101 c) 21,14 d) 0,093
e) 0,99 f) 2,3456 g) −1,50 h) −0,030

Tipp
Hast du einen Bruch mit einer Zehnerpotenz im Nenner, musst du so viele Stellen hinter das Komma setzen, wie im Nenner Nullen sind.

2

Schreibe diese Brüche als Dezimalzahlen und präge sie dir gut ein, du wirst sie häufig verwenden können.

a) $\frac{1}{4}$; $\frac{1}{2}$; $\frac{3}{4}$
b) $\frac{1}{8}$; $\frac{3}{8}$; $\frac{5}{8}$; $\frac{7}{8}$
c) $\frac{1}{5}$; $\frac{2}{5}$; $\frac{3}{5}$; $\frac{4}{5}$
d) $\frac{2}{10}$; $\frac{3}{10}$; $\frac{4}{10}$; $\frac{5}{10}$; $\frac{6}{10}$; $\frac{7}{10}$; $\frac{8}{10}$

3

Mit Hilfe der Brüche kannst du Dezimalzahlen in Prozente umwandeln und umgekehrt.
Fülle die leeren Felder aus.

Merke
1 % = $\frac{1}{100}$ = 0,1

a)
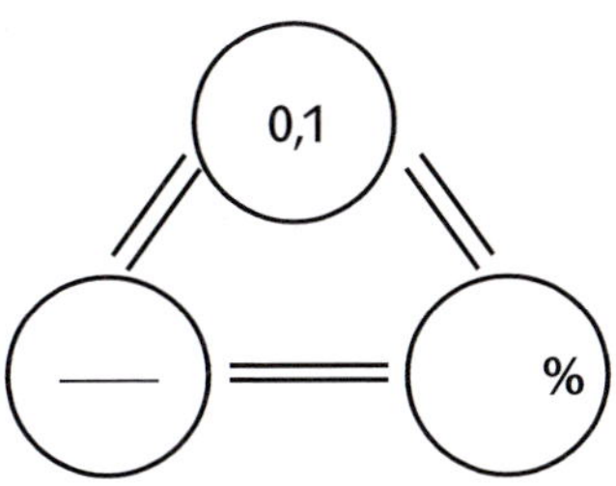

b)
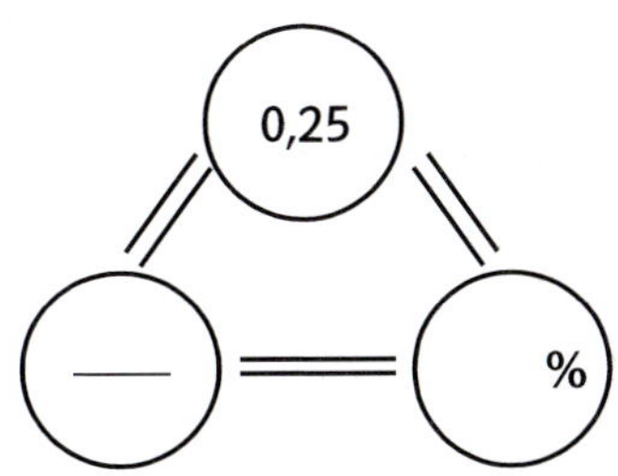

c)
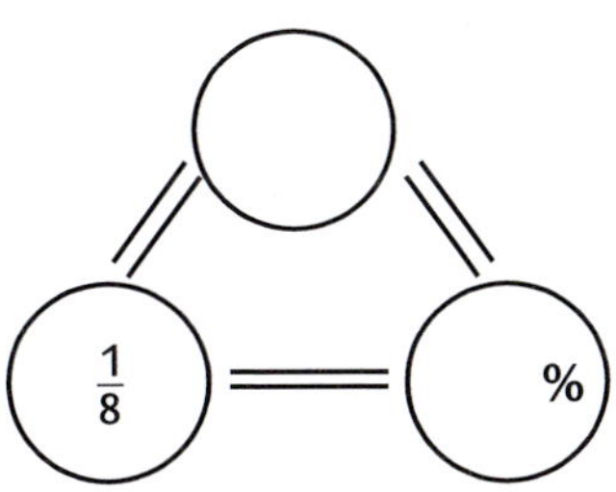

d)
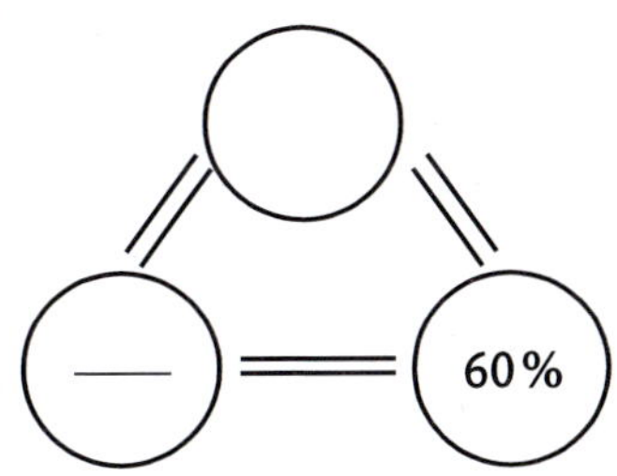

1.7 Dezimalschreibweise bei Größen

Die Dezimalschreibweise begegnet dir jeden Tag. Du bezahlst z. B. 0,69 € für ein Päckchen Kaugummi oder springst im Weitsprung 4,05 m. Oft ist aber das Komma störend oder du musst eine Zahl in eine Kommazahl umwandeln.

Deshalb trainierst du in diesem Abschnitt

- Größenangaben mit und ohne Komma zu schreiben,
- das Umwandeln von Maßeinheiten.

So funktioniert der Wechsel von Maßeinheiten

Lücken musst du durch Nullen ersetzen!

Musst du eine Größe in eine **größere Maßeinheit** umwandeln, dann musst du das **Komma nach links** verschieben.
Musst du eine Größe in eine **kleinere Maßeinheit** umwandeln, dann musst du das **Komma nach rechts** verschieben.

Wechselst du in die nächste Einheit, musst du das Komma folgendermaßen verschieben:

- bei **Längen** um **eine** Stelle
- bei **Flächeninhalten** um **zwei** Stellen
- bei **Rauminhalten** um **drei** Stellen
- bei **Gewichten** um **drei** Stellen

Beispiele: Schreibe in der angegebenen Einheit:

6,9 cm (dm)	größere Einheit, Länge ⇒ Komma eine Stelle nach links, also 6,9 cm = 0,69 dm
0,476 a (m^2)	kleinere Einheit, Fläche ⇒ Komma zwei Stellen nach rechts, also 0,476 a = 47,6 m^2

So kannst du Größenangaben mit Komma schreiben

1. Wandle die Größenangabe zuerst in die kleinere Einheit um.
2. Verschiebe das Komma nach links hinter diejenige Zahl, nach der die größere Einheit stand.

Beispiel:
Schreibe 5 ha 3 m^2 mit Komma.
5 ha 3 m^2 = 50 003 m^2
= 5,0003 ha

1

Vervollständige die Würmer. Vom Kopf bis zum Schwanz folgt immer die nächst größere Einheit.

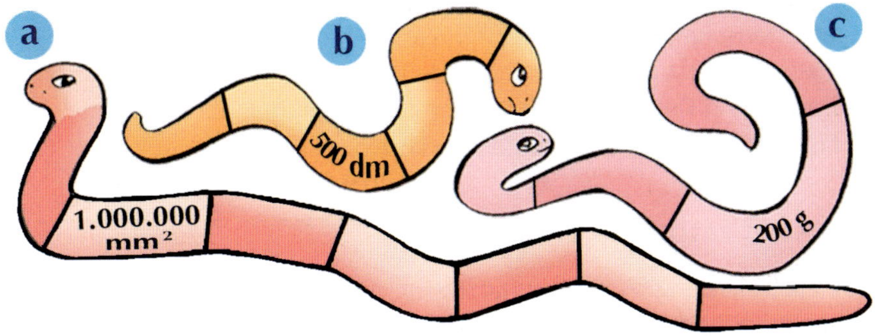

2

Schreibe in der nächstgrößeren Einheit.

a) 2 cm b) 35 g c) 3,1 mm^2 d) 732 dm^2
e) 4,5 a f) 7,05 mm g) 270 ml h) 5 ct

3

Schreibe in der nächstkleineren Einheit.

a) 0,72 € b) 0,2 a c) 1,75 dm^3 d) 0,875 l
e) 0,03 m f) 2,08 kg g) 2,1 m^3 h) 0,701 km^2

4

Schreibe in der in Klammern angegebenen Einheit.

a) 8,02 a (m^2) b) 37,9 cm^3 (dm^3) c) 12,13 km (m)
d) 83 cm^3 (l) e) 0,61 ha (m^2) f) 15 mm (m)

5

Schreibe ohne Komma.

a) 1,7 dm b) 5,1 ha c) 2,7 t d) 0,31 m
e) 0,05 dm^3 f) 2,99 € g) 1,75 l h) 0,02 km

6

Schreibe mit Komma.

a) 5 ha 93 a b) 2 l 150 ml c) 1 kg 375 g d) 5 m^3 2 dm^3
e) 72 m^2 5 dm^2 f) 2 t 7 kg g) 25 € 9 ct h) 42 dm 5 mm

1.8 Rationale Zahlen

Mit Brüchen hast du bisher gelernt, Anteile zu benennen. Doch Brüche sind mehr. Brüche sind Zahlen, mit denen man rechnen kann. Sie besitzen sogar Eigenschaften, die die ganzen Zahlen nicht besitzen.
Deshalb trainierst du auf den folgenden Seiten

- Brüche und Dezimalzahlen auf der Zahlengeraden darzustellen,
- Eigenschaften von Brüchen anzuwenden.

Was sind rationale Zahlen?

Jede Zahl, die du als Verhältnis (lat. ratio), also als Bruch von zwei ganzen Zahlen ausdrücken kannst, ist eine **rationale Zahl**. Deshalb werden die rationalen Zahlen auch **Bruchzahlen** genannt.
Mit $\mathbb{Q}$ bezeichnet man die Menge aller **rationalen Zahlen**. Dazu gehören die **natürlichen Zahlen** $\mathbb{N} = \{0, 1, 2, 3, \ldots\}$, die **ganzen Zahlen** $\mathbb{Z} = \{\ldots, -2, -1, 0, 1, 2, \ldots\}$ und die Brüche.

Auch natürliche Zahlen kannst du unterschiedlich schreiben, z. B. bezeichnen 100 und 10^2 dieselbe Zahl.

Brüche, die durch Erweitern und Kürzen auseinander hervorgehen, benennen denselben Anteil und bezeichnen deshalb die dieselbe Bruchzahl.

Beispiel: $\frac{1}{4} = \frac{2}{8} = \frac{4}{16}$

Wo liegen die Brüche auf der Zahlengeraden?

Wie die ganzen Zahlen kannst du auch Bruchzahlen auf einer Zahlengeraden eintragen. Jedem echten Bruch kannst du seinen Platz zwischen 0 und 1 zuordnen. Dazu musst du das Intervall von 0 bis 1 in so viele gleich große Teile zerlegen wie im Nenner angegeben.
Brüche, die denselben Anteil benennen, gehören zu demselben Punkt.

Unechter Bruch *Der Zähler ist größer als der Nenner.*

Unechte Brüche liegen rechts von der 1. Außerdem kannst du wie bei den ganzen Zahlen auch zu jedem Bruch seine Gegenzahl eintragen.

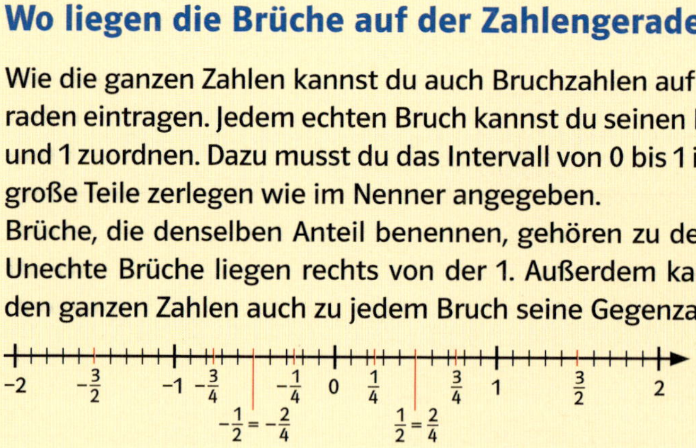

Welche Eigenschaften haben die Bruchzahlen?

Zwischen zwei verschiedenen Bruchzahlen auf dem Zahlenstrahl liegen beliebig viele weitere Brüche. Man sagt, die Bruchzahlen liegen **dicht**.

1

Ordne jedem Buchstaben einen vollständig gekürzten Bruch und die zugehörige Dezimalzahl zu. Ordne anschließend nach der Größe.

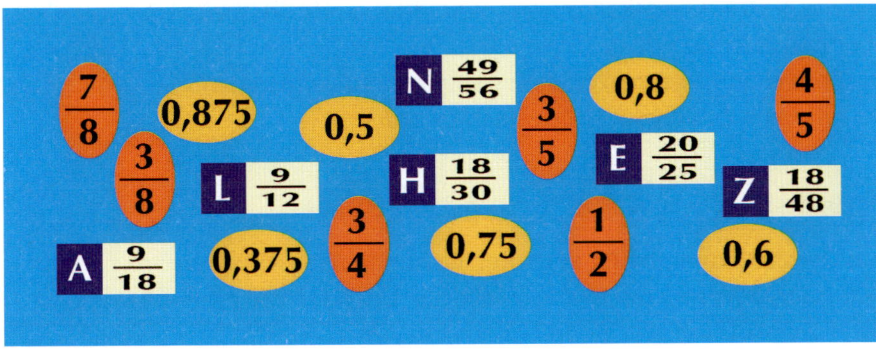

2

Zeichne eine Zahlengerade von −1 bis 1 (Länge 10 cm) und trage folgende Bruchzahlen ein: $\frac{3}{5}$; $-\frac{1}{2}$; $\frac{19}{20}$; $\frac{1}{4}$; $-0{,}7$

3

Zeichne jeweils eine Zahlengerade und trage die Brüche ein. Überlege, wie lang die Strecke von 0 bis 1 sein soll.

a) $\frac{1}{3}$; $\frac{5}{6}$; $\frac{2}{9}$; $\frac{1}{2}$; $\frac{8}{12}$ b) $\frac{2}{5}$; $\frac{1}{2}$; $\frac{3}{4}$; $\frac{3}{5}$; $\frac{7}{10}$

4

Gib jeweils drei Bruchzahlen zwischen

a) 2 und 3   b) 0 und $\frac{1}{2}$ c) $\frac{4}{6}$ und $\frac{5}{6}$ d) $\frac{3}{8}$ und $\frac{9}{10}$ an.

5

Welche Bruchzahl liegt in der Mitte von

a) 4 und 5   b) $\frac{1}{4}$ und $\frac{1}{2}$ c) $\frac{1}{4}$ und $\frac{1}{3}$ d) $\frac{2}{5}$ und $\frac{4}{7}$?

Wie musst du vorgehen?

6

Erforsche weitere Eigenschaften von Bruchzahlen.

a) Bei den ganzen Zahlen findest du zu jeder Zahl einen Vorgänger und einen Nachfolger. Ist $5\,\frac{1}{10}$ der Nachfolger von 5? Begründe.
b) Bruchzahlen haben keinen Vorgänger und keinen Nachfolger. Begründe.

1.9 Ordnen und Vergleichen

Wenn du abwägen musst, welcher Anteil größer oder kleiner ist, musst du Brüche, Prozente oder Dezimalzahlen miteinander vergleichen.
Hier trainierst du
- Brüche und Dezimalzahlen miteinander zu vergleichen,
- rationale Zahlen der Größe nach zu ordnen.

Anordnung – welcher Bruch ist größer?

Auf der Zahlengerade ist stets der Bruch kleiner, der weiter links liegt. Was aber, wenn du die Brüche nicht auf einer Zahlengeraden einzeichnen kannst? Dann gibt es drei Möglichkeiten:

Beispiele:

1. Ein Bruch mit **gleichem Nenner** ist größer, wenn der **Zähler größer** ist. — $\frac{5}{6} > \frac{4}{6}$, da es mehr Anteile sind.
2. Ein Bruch mit **gleichem Zähler** ist größer, wenn der **Nenner kleiner** ist. — $\frac{2}{4} > \frac{2}{5}$, da die Stücke größer sind.
3. Brüche mit **verschiedenen Zählern und Nennern** musst du zuerst gleichnamig machen. Dann ist wie bei 1. der Bruch mit dem größeren Zähler auch die größere Zahl. — $\frac{3}{8} < \frac{2}{5}$, da $\frac{3 \cdot 5}{8 \cdot 5} = \frac{15}{40} < \frac{2 \cdot 8}{5 \cdot 8} = \frac{16}{40}$

So vergleichst du Dezimalzahlen

Beachte
Dezimalzahlen verändern ihren Wert nicht, wenn du Endnullen anhängst oder weglässt.

Auf der Zahlengerade ist stets die Dezimalzahl kleiner, die weiter links liegt. Du kannst Dezimalzahlen auch wie die ganzen Zahlen vergleichen, indem du die Ziffern stellenweise von links nach rechts betrachtest. Es ist diejenige Dezimalzahl größer, die an derselben Stelle zuerst eine größere Ziffer hat.

Beispiele:
a) 1,641 < 2,842 < 3,839 < 7,943 b) 0,309 < 0,39

1

Vergleiche. Ersetze ■ durch <, = oder >.

a) $\frac{3}{4}$ ■ $\frac{4}{5}$ b) $\frac{2}{3}$ ■ $\frac{8}{12}$ c) $\frac{18}{45}$ ■ $\frac{15}{40}$ d) $\frac{35}{42}$ ■ $\frac{49}{56}$
e) 1,22 ■ 1,15 f) 0,8 ■ 0,81 g) 3,4 ■ 3,40 h) 0,720 ■ 0,7201

2

Ordne die Glieder des Wurms der Größe nach. Beginne mit der kleinsten Zahl. Du erhältst seinen Namen als Lösungswort.

a)

b)

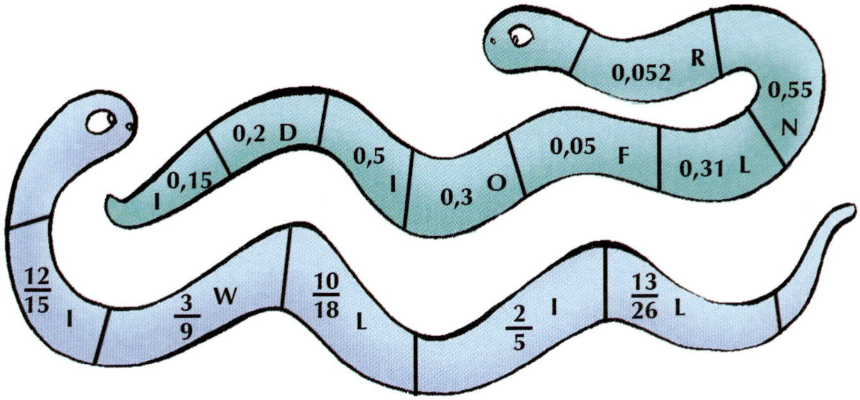

3

Bringe die 100-m-Läufer in die richtige Reihenfolge.

Name	Kim Collins	Francis Obikwelu	Justin Gatlin	Asafa Powell	Shawn Crawford	Obadele Thompson	Maurice Green
Zeit	10,00 s	9,86 s	9,85 s	9,94 s	9,89 s	10,10 s	9,87 s
Platz							

4

Setze für $\square$ eine passende Ziffer ein.

a) $\frac{4}{\square} < \frac{4}{5}$ b) $\frac{3}{7} > \frac{\square}{7}$ c) $\frac{14}{\square} < \frac{14}{2}$ d) $1{,}08 > \square{,}08$

e) $32{,}75 < 3\square{,}75$

5

Mit Köpfchen! Versuche ohne zu rechnen die größere Zahl anzugeben. Beschreibe, wie du vorgegangen bist.

a) $\frac{4}{7}; \frac{4}{8}$ b) $\frac{13}{15}; \frac{12}{11}$ c) $\frac{4}{5}; \frac{18}{35}$

6

Daniel und Melina vergleichen ihre Fußballsticker. Daniel zählt bei 84 Stickern 21 doppelte, Melina hat bei 72 Stickern 16 doppelte. Wer von beiden hat das bessere Päckchen?

1.10 Zufälle, Chancen und Wahrscheinlichkeiten

Immer wenn das Ergebnis einer Handlung nicht vorhergesagt werden kann, spricht man von einem Zufall. Die Wahrscheinlichkeitsrechnung untersucht Gesetzmäßigkeiten zufälliger Ereignisse.

Auf den folgenden Seiten trainierst du, wie du die Wahrscheinlichkeiten bei Glücksspielen berechnen kannst.

Was ist Wahrscheinlichkeit?

Zur Untersuchung von zufälligen Vorgängen kannst du **Zufallsversuche** durchführen. Haben alle Ergebnisse die gleiche Chance, so sagt man, dass alle Ergebnisse **gleich wahrscheinlich** sind. Den Wert, mit dem ein Ergebnis erwartet wird, nennt man **Wahrscheinlichkeit**.

Beispiele:

a) Beim Werfen einer Münze sind die Ergebnisse „Kopf" und „Zahl" gleich wahrscheinlich.
b) Beim Würfeln sind die Ergebnisse 1, 2, 3, 4, 5, 6 gleich wahrscheinlich.

So kannst du die Wahrscheinlichkeit eines Ergebnisses berechnen

Wahrscheinlichkeiten sind Anteile und werden als Bruch oder in Prozent geschrieben. Sind alle Ergebnisse eines Zufallsversuchs gleichwahrscheinlich, so gilt:

$$\text{Wahrscheinlichkeit eines Ergebnisses} = \frac{1}{\text{Anzahl aller möglichen Ergebnisse}}$$

Beispiele:

a) Die Wahrscheinlichkeit, beim Münzwurf „Kopf" zu erhalten, ist eine von zwei Möglichkeiten, also $\frac{1}{2}$ oder 50 %.
b) Die Wahrscheinlichkeit, beim Würfeln eine „6" zu werfen, ist eine von sechs Möglichkeiten, also $\frac{1}{6}$.

1

Wie groß ist die Wahrscheinlichkeit, bei dem jeweiligen Glücksrad den Hauptgewinn zu drehen?

a)

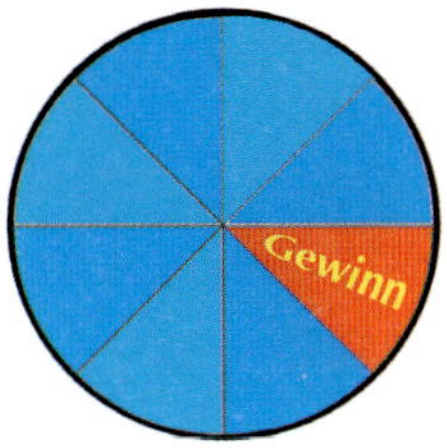

b)

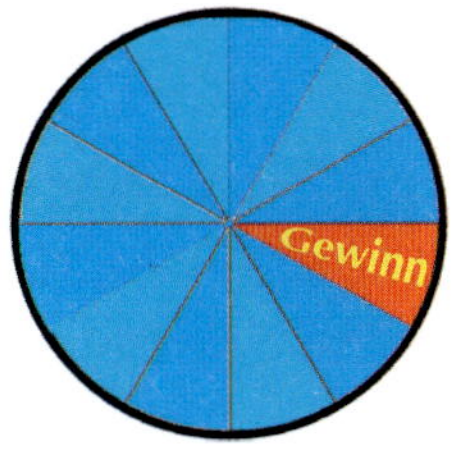

c)

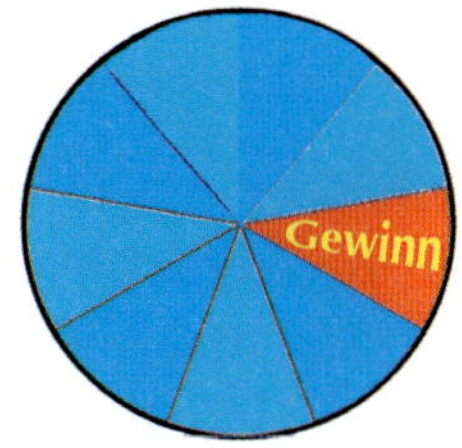

2

Wie groß ist die Wahrscheinlichkeit, eine 6 zu würfeln?

a)

b)

c)

3

Du hast ein Skatspiel mit 32 Karten.
Wie groß ist die Wahrscheinlichkeit

a) das Herz-As
b) eine Karo-Karte
c) eine rote Karte
d) eine Dame

zu ziehen?

So werden deine Chancen größer

Bei vielen Spielen kannst du mit **mehreren Ergebnissen** Erfolg haben. Alle günstigen Ergebnisse nennt man **Ereignis**. Dann gilt:

$$\text{Wahrscheinlichkeit eines Ereignisses} = \frac{\text{Anzahl der günstigen Ergebnisse}}{\text{Anzahl aller Ergebnisse}}$$

Beispiele:

a) In einer Lostrommel befinden sich 90 Nieten und 10 Gewinne. Wie groß ist die Wahrscheinlichkeit, einen Gewinn zu ziehen?
Lösung:
Insgesamt sind 100 Lose im Topf, darunter sind 10 Gewinnlose. Die Wahrscheinlichkeit, einen Gewinn zu ziehen, beträgt also $\frac{10}{100} = \frac{1}{10} =$ 10 %.

b) Bei diesem Glücksrad gewinnt jedes gelbe Feld. Wie groß ist die Wahrscheinlichkeit, einen Gewinn zu drehen?
Lösung:
Es gibt insgesamt 24 Felder, 3 davon sind gelb. Die Wahrscheinlichkeit, einen Gewinn zu drehen, beträgt also $\frac{3}{24} = \frac{1}{8} = 12{,}5\,\%$

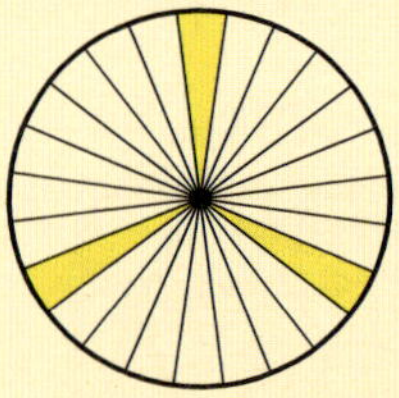

c) Wie groß ist die Wahrscheinlichkeit, dass eine Person im Dezember Geburtstag hat?
Lösung:
Der Dezember hat 31 Tage, ein Jahr hat insgesamt 365 Tage. Mit einer Wahrscheinlichkeit von $\frac{31}{365}$ hat eine Person im Dezember Geburtstag.

Es führen viele Wege zum Ziel

Manchmal können auch mehrere voneinander unabhängige Ereignisse zum Erfolg führen. Dann musst du alle erfolgsbringenden Ereignisse zusammenzählen.

Beispiel:
Wie groß ist die Wahrscheinlichkeit, aus einem Skatspiel ein Bild (einen Buben, eine Dame oder einen König) zu ziehen?
Lösung:
Es gibt 4 Buben, 4 Damen und 4 Könige. Die Wahrscheinlichkeit, ein Bild zu ziehen, beträgt also $\frac{4+4+4}{32} = \frac{12}{32} = \frac{3}{8} = 37{,}5\,\%$.

4

Roulette
Wie groß ist die Wahrscheinlichkeit für

a) eine einzelne Zahl
b) rot
c) vier Zahlen, die auf dem Spielplan ein Quadrat bilden (genannt Carré)
d) die in einer Reihe nebeneinander liegenden Zahlen
e) die in einer Reihe untereinander liegenden Zahlen?

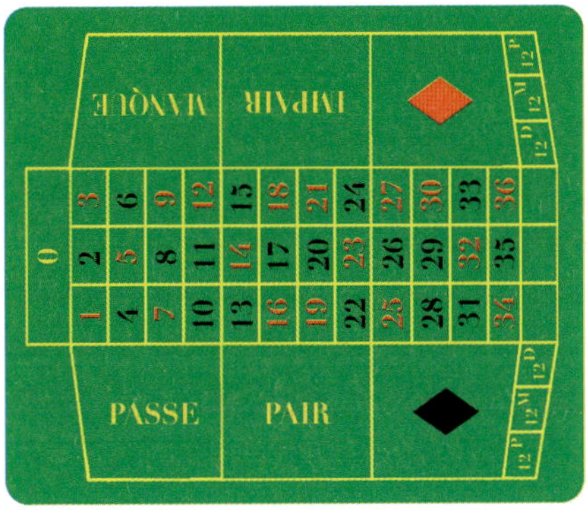

5

In einem Skatspiel fehlen die Herz-Dame und beide schwarzen Asse. Wie groß ist jetzt die Wahrscheinlichkeit,

a) eine rote Karte
b) ein Ass
c) ein Ass oder eine „10“
d) ein Bild

zu ziehen?

6

Was ist wahrscheinlicher?

a) Beim Würfeln eine „6“ zu werfen oder beim Roulette die in einer Reihe untereinander liegenden Zahlen zu erhalten?
b) Von 128 Losen einen der 16 Gewinne oder beim Skatspiel einen König zu ziehen?
c) In einem Sommermonat Geburtstag zu haben oder beim Würfeln eine Zahl größer als 4 zu werfen?

7

Aus welchem Topf würdest du Lose ziehen? Die Gewinne sind blau. Begründe.

a)
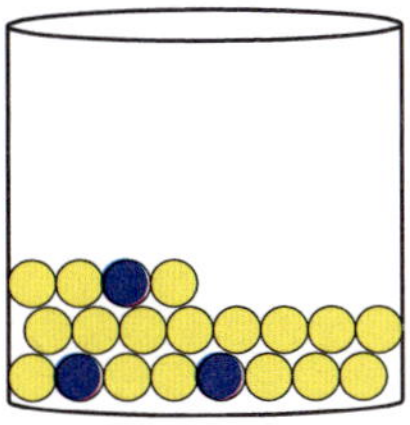

b)
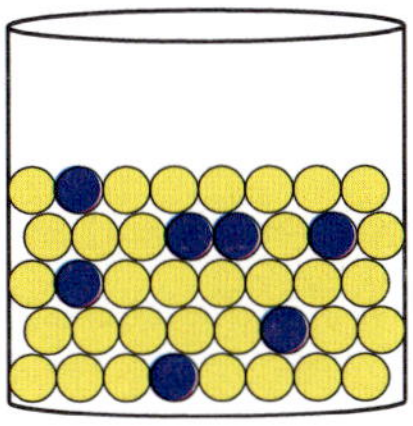

c)
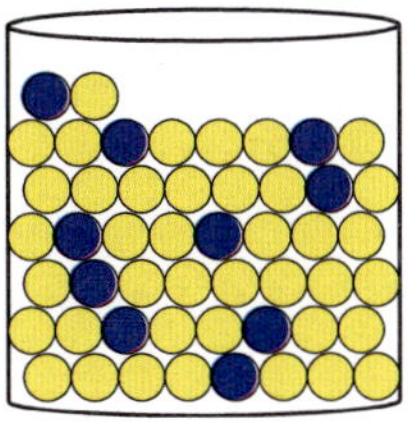

1.11 Anwendungsaufgaben

1

Christel möchte ein Glücksrad bauen, bei dem die 24 Felder so aufgeteilt werden sollen:
6 blaue Felder für einen Kleingewinn, 9 gelbe Felder für Nieten, 7 grüne Felder für „Nochmal-Drehen", die restlichen Felder rot für Hauptgewinn. Berechne die Anteile und zeichne ein Glücksrad.

2

Für den Verkauf beim Schulfest hat Yannick $\frac{1}{4}$, Mario $\frac{3}{10}$, Philipp $\frac{1}{5}$, Katharina und Sarah jeweils $\frac{1}{8}$ der belegten Brötchen gemacht.

a) Wer hat am meisten gearbeitet, wer am wenigsten? Ordne die Schülerinnen und Schüler nach ihrer Leistung.
b) Katharina hat 20 Brötchen gemacht. Wie viele Brötchen haben die anderen jeweils gemacht?

3

Bei der Klassensprecherwahl ließen sich Olga, Kimberley und Björn als Kandidaten aufstellen. Von den 32 Schülerinnen und Schülern der Klasse gaben 25 % Olga ihre Stimme, $\frac{3}{8}$ war für Kimberley und 10 Schülerinnen und Schüler stimmten für Björn.

a) Wie viele Schülerinnen und Schüler haben nicht mit abgestimmt?
b) Wer hat die Wahl gewonnen?

4

a) Parmesan-Käse enthält 32 % Fett. Wie viel g Fett enthält ein 250 g-Stück Parmesan?
b) Der menschliche Körper besteht zu fast 70 % aus Wasser. Aus wie viel kg Wasser besteht ein Mensch, der 50 kg wiegt?

5

Ein DIN A4-Blatt ist ein halbes DIN A3-Blatt, ein DIN A5-Blatt ist ein halbes DIN A4-Blatt usw.

a) Welcher Bruchteil eines DIN A3-Blattes ist ein DIN A5 (A6)-Blatt?
b) Welcher Bruchteil eines DIN A4-Blattes sind zwei DIN A7 (A8)-Blätter?

1

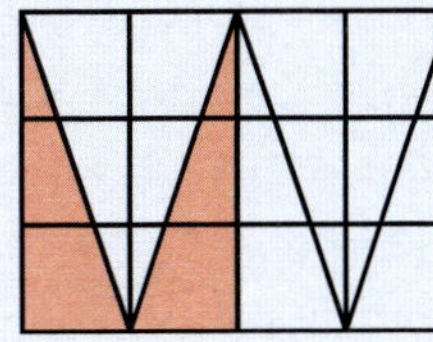

a) Welcher Anteil ist dargestellt?

b) Stelle $\frac{3}{8}$ als Kreis und $\frac{4}{7}$ als Strecke grafisch dar.

c) Färbe $\frac{5}{6}$.

Punkte: max.3

2

Du hast zwei Lostöpfe. In einem sind zwei Gewinne und 12 Nieten, im anderen drei Gewinne und 15 Nieten. Bei welchem Lostopf ist die Gewinnchance größer? Begründe.

Punkte: max.2

3

Familie Casa hat drei Grundstücke für ihr neues Eigenheim zur Auswahl.

50850 dm²

0,057 ha

5,655a

a) Wandle alle Größen in m² um.

b) Welches Grundstück ist das größte?

Punkte: max.2

4

Schreibe in Prozent.

a) $\frac{1}{20}$ b) 3 von 4 c) $\frac{17}{25}$ d) $\frac{7}{8}$

Punkte: max.4

5

Lehrer Lehmann hat die Ergebnisse der letzten Mathe-Arbeit in einer Tabelle aufgeschrieben.

Note	1	2	3	4	5	6
Anzahl	3	6	8	6	5	2

Welche Aussagen sind richtig? Kreuze an.

- [ ] Mehr als die Hälfte der Klasse hatte eine 3 oder besser.
- [ ] Weniger als ein Fünftel war schlechter als 4.
- [ ] Ein Drittel hatte eine 2 oder eine 3.
- [ ] 10% hatten eine 1.

Punkte: max.4

6

Fülle die Platzhalter aus.

a) 2,07 m = 207 ___

b) ___ mg = 0,48 g

c) 0,5 ha = ___ a

d) $81972\,cm^3$ = 81,972 ___

Punkte: max.4

7

Ein großes Kaufhaus wirbt mit folgender Aktion: „Auf alle reduzierten Artikel nochmals 10% Rabatt".

~~150 €~~
20 %

Berechne, wie viel der Artikel jetzt noch kostet.

Punkte: max.3

8

Anne und Jörg haben eine Taschengelderhöhung bekommen. Anne erhält jetzt 25 € statt 20 € pro Monat, Jörg 16 € statt früher 12 €.
Jörg jammert: „Immer bekommst du mehr als ich!"
Anne entgegnet: „Diesmal bist du doch besser weggekommen als ich."
Was meint Anne damit?

Punkte: max.2

Gesamtpunkte: max.24

Aufgaben Nummer	erreichte Punktzahl von (...)	Lernerfolg	Lerneinheit abhaken ✓
1	_____ (3)	Wenn du volle Punktzahl hast, ist das ein Zeichen dafür, dass du die Darstellung von Brüchen beherrschst.	1.1
2	_____ (2)	Bei diesen Aufgaben konntest du zeigen, ob du mit dem Thema „Wahrscheinlichkeiten" gut zu Recht kommst.	1.10
3	_____ (2)	Hast du alle Größen richtig umgewandelt und geordnet, kannst du gut mit Dezimalzahlen umgehen.	1.9
4	_____ (4)	Konntest du alle Anteile in eine Prozentangabe umwandeln? Dann kannst du sehr zufrieden sein.	1.5
5 7	_____ (4) _____ (3)	Hier wurde nochmals die Fähigkeit, Bruchteile und Prozentangaben auszurechen, geprüft. Bei voller Punktzahl kannst du die Einheiten 1.3 und 1.5 abhaken.	1.3 1.5
6	_____ (4)	Konntest du alle Größen umwandeln? Dann bist du fit bei der Dezimalschreibweise von Größen.	1.9
8	_____ (2)	Bei dieser Aufgabe ist dein Denkvermögen gefragt. Wenn du gut abgeschnitten hast, kannst du das Thema „Vergleichen von Brüchen" abhaken.	1.7

19 – 24 Punkte	13 – 18 Punkte	7 – 12 Punkte	0 – 6 Punkte
Prima, du hast dieses Kapitel gut verstanden! Nun kannst du das nächste Kapitel üben.	Das klappt ja schon recht ordentlich! Du hast einiges dazugelernt, aber es könnte auch besser sein. Wiederhole die Teilkapitel noch einmal, die in deiner Checkliste nicht abgehakt sind.	Einiges hast du schon ganz gut gelöst, insgesamt sind deine Lücken aber noch zu groß. Wiederhole die Kapitel noch einmal, die in deiner Checkliste nicht abgehakt sind.	Es gibt bei dir noch sehr viele Unsicherheiten. Du musst noch mehr üben! Wiederhole die Kapitel noch einmal, die in deiner Checkliste nicht abgehakt sind.

2 Addieren und Subtrahieren von rationalen Zahlen

Im letzten Kapitel hast du Brüche und Dezimalzahlen kennen gelernt und geübt, wie du Brüche erweitern und kürzen kannst. Doch das ist nicht alles. Wie ganze Zahlen kannst du auch Brüche und Dezimalzahlen addieren und subtrahieren.

2.1 Addieren und Subtrahieren von gleichnamigen Brüchen

Die Addition und Subtraktion von gleichnamigen Brüchen ist gar nicht so schwierig. Sicher weißt du schon, was herauskommt, wenn du ein Viertel und drei Viertel zusammenzählst.
In diesem Abschnitt trainierst du noch einmal
- das Addieren und Subtrahieren von gleichnamigen Brüchen,
- die Rechnungen durch Darstellungen zu veranschaulichen.

So addierst und subtrahierst du gleichnamige Brüche

Gleichnamige Brüche sind Brüche mit gleichem Nenner.

1. Schreibe die Zähler auf einen **gemeinsamen Bruchstrich** und addiere oder subtrahiere sie.
2. Behalte den gemeinsamen Nenner bei.
3. Vergiss nicht, das Ergebnis gegebenenfalls zu kürzen.

Beispiele:

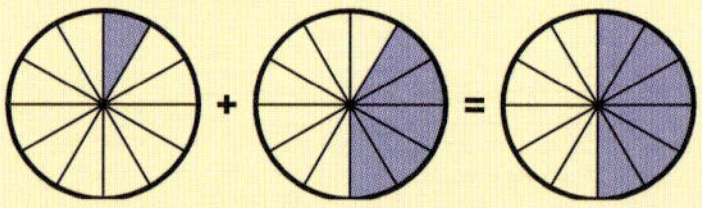

$\frac{1}{12} + \frac{5}{12} = \frac{1+5}{12} = \frac{6}{12} = \frac{1}{2}$

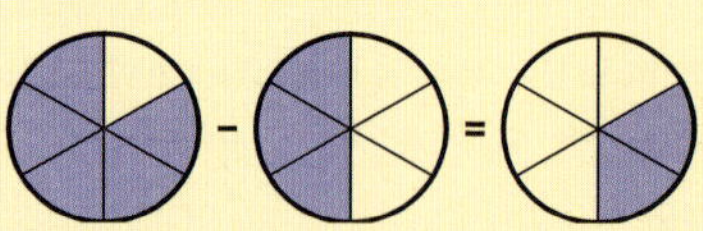

$\frac{5}{6} - \frac{3}{6} = \frac{5-3}{6} = \frac{2}{6} = \frac{1}{3}$

Merke
Schreibe Ergebnisse, die größer als 1 sind, als gemischte Zahl.

Beispiele:

a) $\frac{3}{8}\text{kg} + \frac{5}{8}\text{kg} + \frac{1}{8}\text{kg} = \frac{3+5+1}{8}\text{kg} = \frac{9}{8}\text{kg} = 1\frac{1}{8}\text{kg}$

b) $\frac{3}{4} + \frac{3}{4} - \frac{5}{4} = \frac{3+3-5}{4} = \frac{1}{4}$

1

Berechne. Kürze das Ergebnis gegebenenfalls vollständig.

a) $\frac{2}{8} + \frac{4}{8}$ b) $\frac{2}{5} + \frac{5}{5}$ c) $\frac{3}{10} + \frac{9}{10}$

d) $\frac{12}{15} + \frac{13}{15}$ e) $\frac{13}{18} - \frac{4}{18}$ f) $\frac{37}{7} - \frac{9}{7}$

2

Martin schreibt auf, wie lange er für die Mathehausaufgaben benötigt. Für letzte Woche hat er notiert: $\frac{1}{4}$h, $\frac{3}{4}$h, $\frac{1}{4}$h, $1\frac{1}{4}$h, $\frac{3}{4}$h. Wie lange saß er an seinen Aufgaben?

3

Berechne. Rechne zur Kontrolle auch ohne Brüche, indem du die Maßzahlen in die kleinere Einheit umwandelst.

a) $\frac{48}{60}$min + $\frac{17}{60}$min b) $\frac{3}{8}$l + $\frac{7}{8}$l

c) $\frac{1250}{1000}$t − $\frac{800}{1000}$t d) $\frac{8}{10}$kg + $\frac{5}{10}$kg + $\frac{2}{10}$kg

4

Welche Additionsaufgabe ist dargestellt?

a)

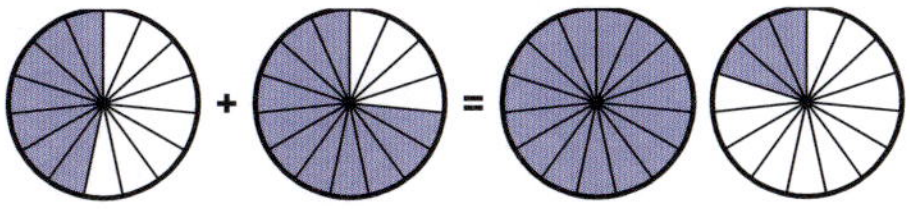

b)

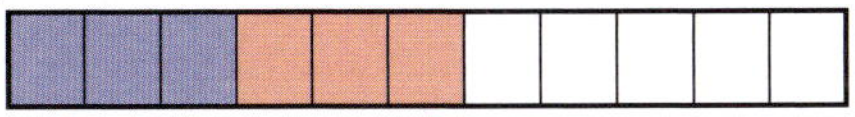

c)

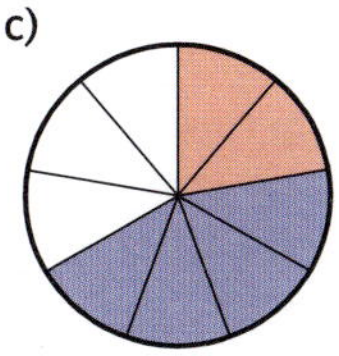

5

Welche Zahlen fehlen? Vervollständige die Aufgaben.

a) $\frac{11}{8} + \frac{3}{8} - \frac{\square}{8} = \frac{7}{\square}$ b) $\frac{5}{10} - \frac{5}{\square} = \frac{\square}{10}$ c) $\frac{17}{50} + \frac{\square}{\square} = \frac{41}{50}$

6

Daniel rechnet mit seinem Taschengeld. „Ich erhalte jede Woche 3,50 €. Davon gebe ich $\frac{1}{5}$ für Süßigkeiten aus und $\frac{4}{7}$ brauche ich fürs Schwimmbad. Den Rest spare ich für eine Computerzeitung, die alle 4 Wochen erscheint und 2,90 € kostet."
Kann sich Daniel die Zeitung regelmäßig kaufen?

2.2 Addieren und Subtrahieren von Brüchen

Ungleichnamige Brüche sind Brüche mit verschiedenen Nennern.

Das Addieren und Subtrahieren von Brüchen mit unterschiedlichen Nennern ist gar nicht so einfach. Solche Brüche musst du durch Erweitern oder Kürzen erst gleichnamig machen. Deshalb trainierst du auf dieser Doppelseite,

- wie du Brüche geschickt gleichnamig machen kannst,
- Brüche zu addieren und subtrahieren.

So kannst du Brüche gleichnamig machen

Es gibt zwei Möglichkeiten, wie du Brüche gleichnamig machen kannst.

1. Erweitere beide Brüche mit dem Nenner des anderen Bruches.
   Vorteil: Dieses Verfahren funktioniert immer.
   Nachteil: Es entstehen oft sehr große Zahlen in Zähler und Nenner.

Beispiele:
Mache $\frac{4}{6}$ und $\frac{5}{8}$ gleichnamig.
Erweitere $\frac{4}{6}$ mit 8 und $\frac{5}{8}$ mit 6.
Du erhältst
$\frac{4}{6} = \frac{4 \cdot 8}{6 \cdot 8} = \frac{32}{48}$ und $\frac{5}{8} = \frac{5 \cdot 6}{8 \cdot 6} = \frac{30}{48}$.

Eignet sich besonders gut, wenn die Nenner gemeinsame Teiler haben.

2. Schreibe die Vielfachen der Nenner auf und suche ein gemeinsames Vielfaches (das kleinste gemeinsame Vielfache ist der Hauptnenner).

Mache $\frac{3}{54}$ und $\frac{1}{36}$ gleichnamig.
$V_{54} = \{54, 128, 162, \mathbf{216}, 270, \ldots\}$
$V_{36} = \{36, 72, 108, 144, 180, \mathbf{216}, \ldots\}$
$\frac{3}{54} = \frac{3 \cdot 4}{54 \cdot 4} = \frac{12}{216}$; $\frac{1}{36} = \frac{1 \cdot 6}{36 \cdot 6} = \frac{6}{216}$

So addierst und subtrahierst du Brüche

__Merke__
Der kleinste gemeinsame Nenner von Brüchen heißt __Hauptnenner__.

1. Du kannst nur gleichnamige Brüche addieren oder subtrahieren. Mache also zuerst die Brüche gleichnamig.

Beispiele:

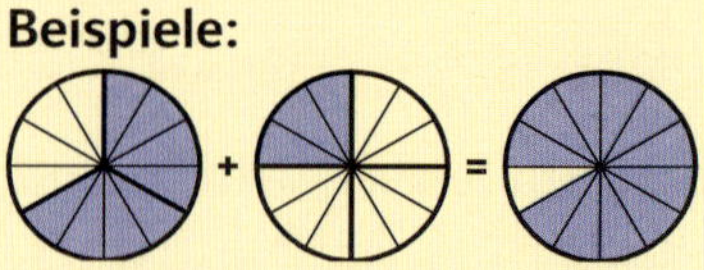

$\frac{2}{3} + \frac{1}{4} = \frac{2 \cdot 4}{12} + \frac{1 \cdot 3}{12} = \frac{8 + 3}{12} = \frac{11}{12}$

2. Schreibe die Zähler auf einen gemeinsamen Bruchstrich und addiere oder subtrahiere sie wie bei gleichnamigen Brüchen.
3. Vergiss nicht, das Ergebnis gegebenenfalls zu kürzen.

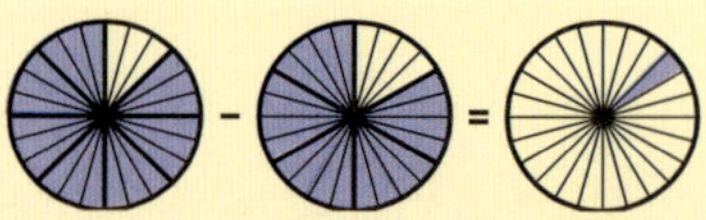

$\frac{7}{8} - \frac{5}{6} = \frac{7 \cdot 3}{8 \cdot 3} - \frac{5 \cdot 4}{6 \cdot 4} = \frac{21 - 20}{24} = \frac{1}{24}$

1
Berechne.

a) $\frac{2}{3}+\frac{4}{9}$ b) $\frac{5}{7}+\frac{3}{4}$ c) $\frac{3}{8}+\frac{4}{5}$ d) $\frac{1}{2}+\frac{4}{11}$

e) $\frac{39}{10}-\frac{35}{100}$ f) $\frac{19}{20}-\frac{5}{30}$ g) $\frac{15}{16}-\frac{7}{24}$ h) $\frac{11}{9}-\frac{5}{12}$

2
Wie viel hat die Schlange gefressen?

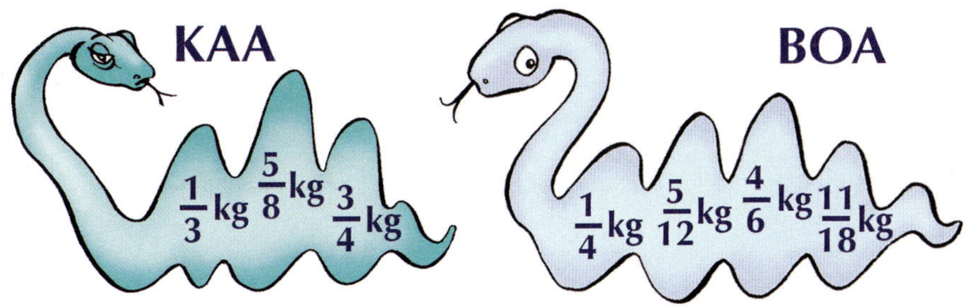

3
Setze für $\square$ Zahlen ein, so dass die Rechnung stimmt.

a) $\frac{1}{3}+\square=\frac{7}{8}$ b) $\frac{1}{6}+\square=\frac{2}{5}$ c) $\frac{21}{15}-\square=\frac{5}{6}$

d) $\frac{3}{16}+\square=\frac{12}{18}$ e) $\frac{28}{\square}+\frac{10}{\square}=\frac{19}{4}$ f) $\frac{48}{36}-\square=\frac{48}{54}$

4
Finde die Fehler und korrigiere die Aufgaben.

a) $\frac{9}{8}-\frac{2}{3}=\frac{7}{5}$ b) $\frac{4}{5}+\frac{2}{3}=\frac{12}{15}+\frac{6}{15}=\frac{18}{15}=\frac{6}{5}$

5
Nenne zwei Paare von Bruchzahlen, die gleich weit von $\frac{3}{5}$ entfernt sind.

6
Steffen hat für seine Party 10 l Limo gekauft. Uli trinkt $\frac{3}{4}$ l, Edu $\frac{8}{5}$ l, Nina $1\frac{1}{2}$ l, Andi $\frac{17}{8}$ l und er selbst $1\frac{1}{4}$ l. Wie viel bleibt übrig?

7
Die Schüler sollen eine neue Tischtennisplatte für ihren Pausenhof erhalten. Sie haben bereits 40 % durch einen Kuchenverkauf verdient. Auch der Förderverein hilft und übernimmt ein Drittel der Kosten. Welchen Anteil muss die Schule noch zuschießen?

2.3 Addieren und Subtrahieren von gemischten Zahlen

In den letzten Unterkapiteln hast du geübt, wie du Brüche addieren und subtrahieren kannst. Schwieriger wird es, wenn du mit gemischten Zahlen rechnen musst. Hast du schon eine Idee, wie das funktioniert?
Hier trainierst du

- noch einmal, wie du gemischte Zahlen in Brüche umwandeln kannst,
- zwei Möglichkeiten, wie du gemischte Zahlen addieren kannst.

So addierst (subtrahierst) du gemischte Zahlen

Es gibt zwei Möglichkeiten, wie du gemischte Zahlen addieren kannst:

Tipp
Gehe beim Subtrahieren immer nach Möglichkeit 1 vor!

1. Möglichkeit:
Wandle die gemischten Zahlen in Brüche um und addiere (subtrahiere) wie gewohnt.

Beispiel: Berechne $3\frac{3}{4} + 5\frac{1}{3}$

$$3\frac{3}{4} + 5\frac{1}{3} = \frac{15}{4} + \frac{16}{3} = \frac{45}{12} + \frac{64}{12} = \frac{109}{12}$$
$$= 9\frac{1}{12}$$

2. Möglichkeit:
Addiere die ganzen Zahlen und getrennt davon die Brüche. Ist im Ergebnis beim Bruch der Zähler größer als der Nenner, musst du diesen als gemischte Zahl schreiben und zu der ganzen Zahl addieren.

$$3\frac{3}{4} + 5\frac{1}{3} = 3\frac{9}{12} + 5\frac{4}{12} = 8\frac{13}{12} = 9\frac{1}{12}$$

1

Berechne.

a) $5\frac{3}{4} + 3\frac{1}{8}$ b) $6\frac{5}{30} + 1\frac{2}{3}$ c) $4\frac{3}{11} - 1\frac{8}{11}$

d) $5\frac{3}{4} + 2\frac{5}{6}$ e) $3\frac{7}{20} - 1\frac{3}{8}$ f) $7\frac{2}{3} + \frac{9}{2}$

2

Vervollständige die Tabellen.

+	$2\frac{1}{2}$	$4\frac{2}{3}$	$5\frac{2}{5}$	$4\frac{3}{4}$
$2\frac{1}{2}$				
$4\frac{2}{3}$				
$5\frac{2}{5}$				
$4\frac{3}{4}$				

–	$2\frac{1}{2}$	$1\frac{2}{3}$	$2\frac{2}{5}$	$1\frac{3}{4}$
$2\frac{1}{2}$				
$4\frac{2}{3}$				
$5\frac{2}{5}$				
$4\frac{3}{4}$				

3

Familie Lehmann plant die gemeinsame Urlaubsreise. Damit die Reise nicht zu anstrengend wird, werden immer wieder kleine Pausen eingelegt. Vater Lehmann hat dazu folgenden Plan aufgeschrieben:
Wie lange dauert die Reise?

Fahrt: $1\frac{1}{2}$h

Pause: $\frac{1}{3}$h

Fahrt: $2\frac{1}{4}$h

Pause: $\frac{3}{4}$h

Fahrt: $2\frac{2}{3}$h

4

Vervollständige die Zauberquadrate.

$\frac{5}{6}$	$\frac{1}{4}$	
	$\frac{2}{3}$	
		$\frac{1}{2}$

$\frac{17}{10}$	$1\frac{3}{5}$	$\frac{3}{2}$
$\frac{7}{4}$		

*In **Zauberquadraten** ist die Summe der Zahlen in Spalten, Zeilen und Diagonalen jeweils gleich.*

2.4 Runden und Darstellen von Dezimalzahlen

Wenn du beim Einkaufen schnell etwas zusammenzählen musst, ist es wichtig, dass du die Kosten überschlagen kannst. Wenn du bei Messungen unterschiedliche oder ungenaue Messwerte erhältst, musst du runden. Deshalb trainierst du in diesem Abschnitt

- wie du Dezimalzahlen runden kannst,
- verschiedene Werte sinnvoll zu runden und darzustellen.

So rundest du Dezimalzahlen

Das Runden von Dezimalzahlen funktioniert wie das Runden von natürlichen Zahlen.

1. Suche die Rundungsstelle und unterstreiche sie.
2. Betrachte die Ziffer rechts von der Rundungsstelle:
   Ist diese Ziffer eine 0, 1, 2, 3 oder 4 **rundest** du **ab**, d.h. die Rundungsstelle bleibt erhalten.
   Ist diese Ziffer eine 5, 6, 7, 8 oder 9 **rundest** du **auf**, d.h. die Rundungsstelle wird um 1 erhöht.
   Beachte: Alle Ziffern rechts von der Rundungsstelle werden 0. Bei Dezimalzahlen kannst du die Nullen am Ende weglassen.

Tipp
3,98 ≈ 4,0
Hier zeigt man durch die Null, dass man auf Zehntel gerundet hat.

Beispiele:

a) Runde 2,863 auf Zehntel: 2,863 ≈ 2,9 (aufgerundet)
b) Runde 1,754 m auf cm: 1,754 m ≈ 1,75 m (abgerundet)

So kannst du Messwerte sinnvoll runden

Beschränke dich auf die Anzahl der Stellen des ungenauesten Wertes. Runde alle Zahlen auf die **gleiche** Stelle.

Beispiel:
Im Biologieunterricht haben die Schüler ihre Schulranzen gewogen und verglichen.

Lukas: 4,874 kg ≈ 4,9 kg
Anabel: 5,53 kg ≈ 5,5 kg
Lorena: 5,7 kg
Felix: 4,98 kg ≈ 5,0 kg

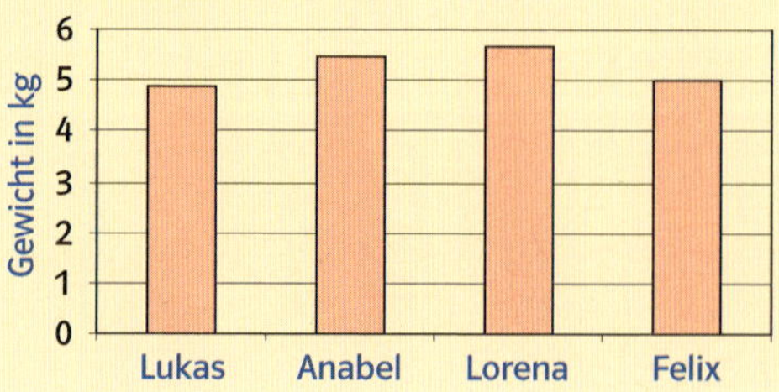

1

Runde auf	Zehntel	Hundertstel	Tausendstel	Zehntausendstel
4,15303				
3,09828				
9,95205				
0,96578				

2

Runde auf die in der Klammer angegebene Stelle.

a) 6,38 m (auf dm)
b) 12,9495 ha (auf a)
c) 8,97952 t (auf kg)
d) 0,2872 dm (auf mm)
e) 5,394 € (auf ct)
f) 3,971371 l (auf cm^3)

3

Hier sind die Einwohnerzahlen der größten Städte Deutschlands angegeben. Runde die Angaben sinnvoll und zeichne ein Säulendiagramm.

Berlin: 3,388 Mio.
Hamburg: 1,7 Mio.
München: 1,25 Mio.
Köln: 0,97 Mio.
Frankfurt: 0,643 Mio.

4

a) Nenne drei Zahlen, die auf Einer gerundet 10 ergeben.
b) Nenne drei Zahlen, die auf Zehntel gerundet 5,2 ergeben.
c) Nenne drei Zahlen, die auf Hundertstel gerundet 1,12 ergeben.
d) Nenne drei Zahlen, die auf Tausendstel gerundet 4,646 ergeben.

5

Marias Schulranzen wiegt ungefähr 5,5 kg. Wie schwer ist er mindestens, wie schwer höchstens?

6

Herr Schmid steht an der Tankstelle. Er hat noch 70 € im Geldbeutel und überlegt: „Wenn ich 50 l Super bleifrei tanke, dann kostet das bei einem Preis von $1{,}29^9$ etwa …"
Reicht sein Geld für eine Tankfüllung?

2.5 Addieren und Subtrahieren von Dezimalzahlen

Im Alltag begegnen dir Dezimalzahlen häufiger als Brüche. Vor allem beim Einkaufen musst du mit Dezimalzahlen rechnen.
Deshalb trainierst du in diesem Abschnitt
- das Addieren und Subtrahieren von Dezimalzahlen,
- zur Kontrolle eine Überschlagsrechnung durchzuführen.

So addierst und subtrahierst du Dezimalzahlen

Das Addieren und Subtrahieren von Dezimalzahlen funktioniert wie bei den natürlichen Zahlen.

Tipp
Lücken kannst du mit Nullen auffüllen.

1. Schreibe die Zahlen so stellengerecht untereinander, dass Komma unter Komma steht.
2. Addiere und subtrahiere dann wie gewohnt stellenweise von rechts nach links.
3. Kontrolliere dein Ergebnis durch eine Überschlagsrechnung.

6,5 + 24,75

		6,	5	
+	2	4,	7	5
	3	1,	2	5

Ü: 7 + 25 = 32 ✓

Beispiele:

a) 23,65 + 0,94 + 3,412

	2	3,	6	5	
+		0,	9	4	
+		3,	4	1	2
	2	8,	0	0	2

Ü: 24 + 1 + 3 = 28

b) 725,057 − 63,56 − 318,4

	7	2	5,	0	5	7
−		6	3,	5	6	
−	3	1	8,	4		
	3	4	3,	0	9	7

Ü: 725 − 64 − 318 = 343

1

Berechne die folgenden Aufgaben im Kopf und stoppe die Zeit. Wenn du länger als 2 min. brauchst, musst du noch mehr Kopfrechnen trainieren.

a) 2,8 + 1,2 b) 14,7 – 6,7 c) 5,63 + 21,27 d) 10 – 9,99
e) 7,9 – 3,3 f) 5,88 – 0,89 g) 3,8 + 4,8 h) 20 – 2,5

2

Berechne die folgenden Aufgaben schriftlich. Überprüfe deine Ergebnisse mit einer Überschlagsrechnung.

a) 25,754 + 4,8 + 9,32 b) 0,247 + 13,8 + 1,843
c) 25,731 – 6,46 – 14,1 d) 735,52 – 52,1 – 634,324

Tipp
Runde die Zahlen so, dass du leicht im Kopf rechnen kannst.

3

Hier wird immer die gleiche Zahl addiert oder subtrahiert. Wie geht's weiter? Berechne die nächsten fünf Zahlen.

a) 4,7 →(+ 1,25) 5,95 →(+ 1,25) …
b) 2,3 →(+ 0,6) 2,9 →(+ 0,6) …
c) 6,25 →(– 0,375) 5,875 →(– 0,375) …

4

Corinna trainiert jeden Tag auf dem Fahrrad und schreibt ihre gefahrenen Kilometer in eine Tabelle. Wie viele km ist sie in einer Woche gefahren?

Tag	Mo	Di	Mi	Do	Fr	Sa	So
km	24,3	17,82	28,05	19,8	16,245	31,1	20

5

Hier hat der Fehlerteufel sein Unwesen getrieben. Entscheide, ob richtig oder falsch gerechnet wurde, und korrigiere die Fehler.

a) 2,2 + 5,8 = 7,10 b) 1,1 – 0,4 = 0,7 c) 8,58 – 1,2 = 7,56

6

Berechne die fehlenden Zahlen.

a) 5,2 + ▢ = 12,6 b) 59,81 – ▢ = 22,43
c) ▢ + 102,87 = 263,15 d) ▢ – 3,7 = 8,8

2.6 Geschicktes Rechnen – vermischte Aufgaben zum Addieren und Subtrahieren

Wie du vielleicht schon gemerkt hast, können Rechnungen mit Brüchen und Dezimalzahlen sehr kompliziert werden. Doch wenn du Rechengesetze und einige Tipps und Tricks anwendest, kannst du dir die Rechenarbeit oft erheblich erleichtern.
Deshalb trainierst du in diesem Abschnitt

- Rechengesetze anzuwenden,
- Aufgaben mit etwas Geschick so umzuformen, dass dein Rechenaufwand erheblich erleichtert wird.

Welche Rechengesetze muss ich beachten?

Im Normalfall rechnest du immer von links nach rechts. Doch bei der Addition darfst du von dieser Regel abweichen, wenn du die folgenden zwei Rechengesetze beachtest:

Kurzform:
$a + b = b + a$

Kurzform:
$(a + b) + c$
$= a + (b + c)$
$= a + b + c$

1. **Kommutativ- oder Vertauschungsgesetz:**
   Beim Addieren darfst du die Summanden vertauschen.
2. **Assoziativ- oder Verbindungsgesetz:**
   Beim Addieren darfst du die Summanden beliebig durch Klammern verbinden.

Wenn du beide Rechengesetze zusammenfasst, kannst du dir folgende Regel merken:
Beim Addieren darfst du **Klammern beliebig setzen** oder **weglassen** und die Summanden **in beliebiger Reihenfolge addieren**.

Beispiel:
Berechne $\left(\frac{4}{3} + \frac{3}{4}\right) + \left(\frac{1}{6} + \frac{3}{4}\right)$.

Wenn du hier zuerst die Klammern ausrechnest, brauchst du viele Rechenschritte. Schneller geht es, wenn du die Rechengesetze anwendest und immer kürzt.
Rechne geschickter so:
Lass die Klammern weg und fasse diejenigen Brüche zusammen, die sich leicht addieren lassen.
Kürze, wenn möglich.

$$\frac{3}{4} + \frac{3}{4} + \frac{4}{3} + \frac{1}{6} = \frac{6}{4} + \frac{8}{6} + \frac{1}{6} = \frac{3}{2} + \frac{9}{6}$$
$$= \frac{3}{2} + \frac{3}{2} = \frac{6}{2} = 3$$

1

Berechne mit Hilfe der Rechengesetze.

a) $\left(\frac{1}{4}+\frac{3}{5}\right)+\frac{3}{4}$ b) $\frac{2}{3}+\frac{2}{9}+\frac{4}{6}$ c) $\frac{3}{2}+\frac{3}{7}+\frac{1}{2}$ d) $\frac{5}{6}+\left(\frac{3}{4}+\frac{4}{6}\right)$

2

Kommst du hier ohne Erweitern aus?

a) $\frac{4}{15}+\frac{2}{5}+\frac{8}{15}$ b) $\frac{3}{8}+\frac{1}{6}+\frac{9}{8}$

3

Die Rechengesetze gelten natürlich auch für Dezimalzahlen. Überlege zuerst, welche Zahlen du geschickt zusammenzählen kannst und berechne dann den gesamten Term.

a) 2,55 + 0,39 + 7,65 + 4,11 b) 42,6 + 0,6 + 2,4 − 42,6

c) 3,7 + 12,6 − 1,7 − 3,6

4

8,7 | 1,9 | 3,6 | 2,3 | 6,5

Suche jeweils drei Kärtchen,

a) die addiert die größte Summe ergeben.
b) die addiert die kleinste Summe ergeben.
c) deren Summe zwischen 15 und 25 ist.

5

Frau Maier möchte beim Einkaufen den Kassenzettel kontrollieren. Sie ärgert sich über die krummen Preise, die meist mit einer 9 aufhören.
Mit einem Trick kann sie jedoch die Summe sofort berechnen. Wie kann sie geschickt rechnen?

Supermarkt Kassenzettel

Ware	Preis in Euro
…	1,99
…	1,99
…	3,49
…	2,99
…	0,79

2.7 Anwendungsaufgaben

1

Für einen Coconut-Kiss-Cocktail (200 ml) braucht man

$\frac{3}{20}$ Kokossirup

$\frac{1}{10}$ Sahne

$\frac{1}{4}$ Ananassaft

$\frac{1}{4}$ Orangensaft

$\frac{2}{40}$ Grenadine

Wie viel Wasser muss noch zugefügt werden?

2

Erick gibt $\frac{2}{5}$ seines Taschengeldes für Zeitschriften und $\frac{1}{4}$ für Süßigkeiten aus.

a) Wie viel bleibt ihm übrig?

b) Wie viel Euro kann Eric sparen, wenn er 10 € Taschengeld im Monat erhält?

3

Familie Schmid geht Chinesisch essen. Sie bestellen Mittagsmenüs für 5,80 €, 6,40 €, 6,80 € und 7,80 €, die Eltern trinken noch zwei Cappuccini für je 1,80 €. Die restlichen Getränke kosten 8 €. Herr Schmid gibt noch $\frac{1}{10}$ der Summe Trinkgeld.

Wie viel hat Familie Schmid insgesamt für das Mittagsessen ausgegeben?

4

Luke möchte sich ein neues Computerspiel kaufen. Er hat bereits $\frac{1}{4}$ des Preises gespart.

Papa und Mama geben jeweils $\frac{1}{5}$ dazu. Reicht es, wenn ihm sein Onkel noch $\frac{1}{3}$ dazugibt?

1

Berechne. Kürze gegebenenfalls vollständig

a) $\frac{6}{8}+\frac{2}{5}$ b) $\frac{15}{45}+\frac{2}{3}+\frac{3}{5}$ c) $\frac{5}{6}-\frac{2}{9}$

d) $\frac{17}{20}-\frac{2}{8}-\frac{1}{5}$ e) $2\frac{1}{4}+5\frac{2}{3}$ f) $3\frac{1}{2}-1\frac{5}{6}$

Punkte: max. 6

2

Berechne schriftlich.

a) 74,986 + 0,6 + 6,38 b) 85,04 – 36,512 – 5,03

Punkte: max. 2

3

Berechne möglichst geschickt.

a) $\frac{3}{4}+\frac{5}{7}+\frac{5}{4}$ b) $0{,}2+7{,}4+2{,}6+\frac{1}{2}-\frac{1}{5}$

Punkte: max. 4

4

Tim hat in einem Lexikon die Höhen bekannter Bauwerke gefunden und sie in einer Tabelle notiert.

Bauwerk	Höhe in m
Eiffelturm	300,51
Cheops-Pyramide	137
Kölner Dom	157
Big Ben	96,32
Berliner Fernsehturm	368

a) Runde die Angaben sinnvoll und zeichne ein Säulendiagramm.
b) Wie hoch sind alle Bauwerke zusammen?

Punkte: max. 4

5

Der Bambus gehört zu den am schnellsten wachsenden Pflanzen. Milena beobachtet jeden Tag in einem botanischen Garten das Wachstum einer Bambuspflanze und notiert den Zuwachs auf Zetteln.

0,23 m | 0,27 m | 0,41 m | 0,33 m | 0,28 m | 0,36 m

a) Leider sind Milena ihre Zettel durcheinander geraten. Sie hat sich aber erkundigt und herausgefunden, dass ein Bambus in der Regel am Anfang schnell und dann immer langsamer wächst. Bringe die Zettel in die richtige Reihenfolge.
b) Wie hoch ist der Bambus insgesamt?
c) Solch ein hoch wachsender Bambus kann bis zu 50 m hoch werden. Wie viel muss der Bambus noch wachsen?
d) Wie lange dauert es, bis der Bambus ausgewachsen ist? Welche Annahme hast du bei deiner Antwort gemacht?

Punkte: max. 4

6

In Schummelfingen müssen die Einwohner für die Benutzung der Straßen Gebühren, wie unten dargestellt, zahlen.

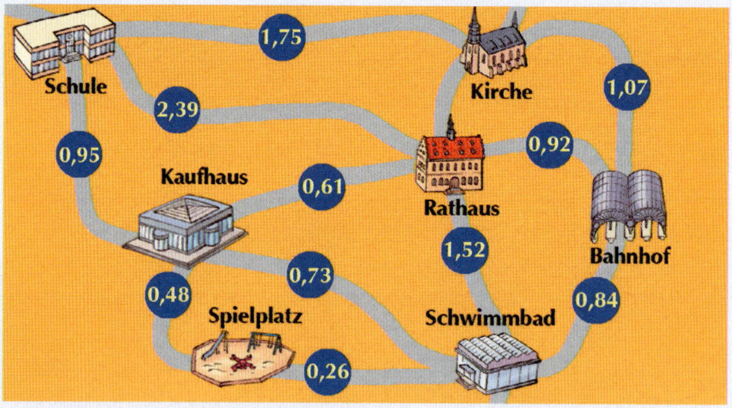

a) Der Pfarrer geht den Weg von der Kirche über die Schule ins Rathaus. Wie viele Schummeltaler muss er zahlen?
b) Berechne die Gebühr für den Weg Rathaus – Schwimmbad – Kaufhaus – Schule.
c) Welches ist der günstigste Weg von der Schule zum Schwimmbad?
d) Der Bürgermeister zahlt für seinen Weg 2,17 Schummeltaler. Welchen Weg ist er gegangen?

Punkte: max. 4

Gesamtpunkte: max. 24

Aufgaben Nummer	erreichte Punktzahl von (...)	Lernerfolg	Abschnitt abhaken ✓
1	____ (6)	Wenn du volle Punktzahl hast, ist das ein Zeichen dafür, dass du die Addition und Subtraktion von Brüchen beherrschst.	2.1 2.2 2.3
2	____ (2)	Konntest du alle Aufgaben richtig rechnen? Dann kannst du sehr zufrieden sein.	2.5
3	____ (4)	Bei diesen Aufgaben konntest du zeigen, ob du mit dem Thema „Geschickt Rechnen" gut zurecht kommst.	2.6
4	____ (4)	Hast du alle Größen angemessen gerundet und das dazugehörige Säulendiagramm gezeichnet, kannst du das Thema „Runden und Darstellen von Dezimalzahlen" abhaken.	2.4
5	____ (4)	Hier wurde in einer Anwendungsaufgabe nochmals die Fähigkeit, Dezimalzahlen zu ordnen und mit ihnen zu rechnen, geprüft.	2.5 2.7
6	____ (4)	In dieser Textaufgabe konntest du noch mal zeigen, ob du fit bist beim Rechnen mit Dezimalbrüchen.	2.5

19 – 24 Punkte	13 – 18 Punkte	7 – 12 Punkte	0 – 6 Punkte
Prima, du hast dieses Kapitel gut verstanden! Nun kannst du das nächste Kapitel üben.	Das klappt ja schon recht ordentlich! Du hast einiges dazugelernt, aber es könnte auch besser sein. Wiederhole die Teilkapitel noch einmal, die in deiner Checkliste nicht abgehakt sind.	Einiges hast du schon ganz gut gelöst, insgesamt sind deine Lücken aber noch zu groß. Wiederhole dieTeilkapitel noch einmal, die in deiner Checkliste nicht abgehakt sind.	Es gibt bei dir noch sehr viele Unsicherheiten. Du musst noch mehr üben! Wiederhole die Teilkapitel noch einmal, die in deiner Checkliste nicht abgehakt sind.

3 Multiplizieren und Dividieren von rationalen Zahlen

3.1 Vervielfachen und Teilen von Brüchen

Genau wie beim Kapitel „Addieren und Subtrahieren von rationalen Zahlen" gibt es Regeln, wie du Brüche multiplizieren und dividieren kannst. Hier trainierst du

- Brüche mit einer ganzen Zahl zu multiplizieren,
- Brüche durch eine ganze Zahl zu dividieren.

So multiplizierst du einen Bruch mit einer ganzen Zahl

Du multiplizierst einen Bruch mit einer ganzen Zahl, indem du den **Zähler mit dieser Zahl multiplizierst** und den **Nenner beibehältst**.
Bestimme das Ergebnis, wenn möglich, das Vorzeichen des Ergebnisses nach den Regeln der Multiplikation negativer Zahlen.
Kürze gegebenenfalls vollständig.
Denke stets daran: Multiplizieren ist **nicht** das gleiche wie Erweitern!

Beispiel:
Multipliziere $\frac{5}{6}$ mit 2.

$\frac{5}{6} \cdot 2 = \frac{5 \cdot 2}{6} = \frac{10}{6} = \frac{5}{3}$

Erweitere $\frac{5}{6}$ mit 2.

$\frac{5}{6} = \frac{5 \cdot 2}{6 \cdot 2} = \frac{10}{12}$

Achtung: Beim Erweitern wird **nicht** gekürzt.

So dividierst du einen Bruch durch eine ganze Zahl

Du dividierst einen Bruch durch eine ganze Zahl, indem du **den Nenner mit dieser Zahl multiplizierst** und den **Zähler beibehältst**.
Kürze gegebenenfalls vollständig.
Achtung: Dividieren ist **nicht** das gleiche wie Kürzen!

Beispiel:
Dividiere $\frac{6}{9}$ durch 3.

$\frac{6}{9} : 3 = \frac{6}{9 \cdot 3} = \frac{6}{27} = \frac{2}{9}$

Kürze $\frac{6}{9}$ mit 3.

$\frac{6}{9} = \frac{6 : 3}{9 : 3} = \frac{2}{3}$

1

Berechne die Produkte.

a) $\frac{3}{8} \cdot 4$ b) $\frac{2}{5} \cdot 9$ c) $\frac{11}{48} \cdot 8$ d) $\frac{5}{10} \cdot 60$

e) $\frac{3}{2}\,\text{m} \cdot 9$ f) $\frac{7}{10}\,\text{l} \cdot 14$ g) $\frac{3}{4}\,\text{h} \cdot 6$ h) $\frac{4}{5}\,\text{ha} \cdot 10$

2

Berechne.

a) $\frac{2}{9} : 9$ b) $\frac{14}{3} : 20$ c) $\frac{8}{5} : 4$ d) $\frac{21}{2} : 9$

e) $\frac{28}{8} : 7$ f) $\frac{15}{4} : 5$ g) $\frac{9}{2} : 8$ h) $\frac{60}{25} : 12$

3

Ergänze die fehlenden Zahlen.

a) $3 \cdot \frac{4}{15} = \square$ b) $4 \cdot \square = \frac{12}{7}$ c) $\square \cdot 10 = 2$

d) $\frac{4}{5} : \square = \frac{4}{15}$ e) $\frac{6}{11} : \square = \frac{3}{11}$ f) $\square : 5 = \frac{3}{8}$

4

a) In einer Saftflasche sind $\frac{3}{4}$ l Apfelsaft. Wie viel Liter sind in einem Kasten mit sechs Flaschen?
b) Drei Freunde teilen sich $1\frac{1}{2}$ l Limonade. Wie viel Liter erhält jeder?

5

Beim Wandertag ist das Gejammer groß. „Wir sind schon zwei Stunden gelaufen. Wie lange dauert die Wanderung noch?“ Der Lehrer antwortet: „Ihr habt es bald geschafft. Wir sind schon vier Fünftel von insgesamt 10 km gelaufen.“

a) Wie viele km müssen die Schüler noch wandern?
b) Wie lange dauert die Wanderung insgesamt?
c) Unter welcher Voraussetzung stimmt deine Rechnung von b)?

6

a) Ein Euro ist $\frac{17}{8}$ mm dick. Wie hoch ist ein Turm aus 20 Eurostücken?
b) Am Montag hat Sebastian acht Schulstunden Unterricht und eine Schulstunde Mittagspause. Wie lange ist Sebastian in der Schule?

Eine Schulstunde dauert $\frac{3}{4}$ h.

3.2 Multiplizieren von Brüchen

Beim Berechnen von Anteilen, vor allem aber auch von Flächen- und Rauminhalten, musst du immer wieder Brüche miteinander malnehmen. Deshalb trainierst du hier

- Brüche zu multiplizieren,
- die Rechenregeln der Multiplikation anzuwenden,
- geschickt zu rechnen.

So multiplizierst du Brüche miteinander

Treten bei den Faktoren negative Vorzeichen auf, musst du das Vorzeichen nach den Multiplikationsregeln bestimmen.

Beachte
Beim Multiplizieren kannst du deinen Rechenaufwand oft erheblich verringern, wenn du so früh wie möglich kürzt.

1. Schreibe die Aufgabe in einem Bruch. Überprüfe, ob du schon vor dem Multiplizieren eine Zahl aus dem Zähler mit einer Zahl aus dem Nenner kürzen kannst.
2. Multipliziere Zähler mit Zähler und Nenner mit Nenner.

Beispiel:

$\frac{2}{5} \cdot \frac{3}{4} = \frac{\overset{1}{\cancel{2}} \cdot 3}{5 \cdot \underset{2}{\cancel{4}}}$

$= \frac{1 \cdot 3}{5 \cdot 2} = \frac{3}{10}$

Beispiele:

a) Berechne $\frac{14}{77} \cdot \frac{33}{12}$

1. Schreibe als einen Bruch. $\frac{14 \cdot 33}{77 \cdot 12}$
2. Überprüfe, ob du kürzen kannst. Hier ist es sinnvoll, zuerst zu kürzen. **Kürze immer eine Zahl im Zähler mit einer Zahl im Nenner.** $\frac{\overset{7}{\cancel{14}} \cdot \overset{3}{\cancel{33}}}{\underset{7}{\cancel{77}} \cdot \underset{6}{\cancel{12}}} = \frac{7 \cdot 3}{7 \cdot 6} = \frac{\overset{1}{\cancel{7}} \cdot \overset{1}{\cancel{3}}}{\underset{1}{\cancel{7}} \cdot \underset{2}{\cancel{6}}}$ $= \frac{1 \cdot 1}{1 \cdot 2}$
3. Berechne das Ergebnis. $= \frac{1}{2}$

b) Berechne $\frac{15}{8} \cdot \frac{6}{5} \cdot \frac{7}{12}$

1. Schreibe als einen Bruch. $\frac{15 \cdot 6 \cdot 7}{8 \cdot 5 \cdot 12}$
2. Kürze, so weit du kannst. $\frac{\overset{3}{\cancel{15}} \cdot \overset{1}{\cancel{6}} \cdot 7}{8 \cdot \underset{1}{\cancel{5}} \cdot \underset{2}{\cancel{12}}} = \frac{3 \cdot 1 \cdot 7}{8 \cdot 1 \cdot 2}$
3. Berechne. $= \frac{21}{16}$

Beim Multiplizieren von Größen musst du Folgendes beachten

Bei geometrischen Aufgaben musst du oft Größen multiplizieren. Dabei kannst du zwei Aufgabentypen unterscheiden.

1. **Zwei Seiten einer Fläche sind gegeben, der Flächeninhalt soll berechnet werden.**

Beispiel: Berechne den Flächeninhalt.

1. Zum Rechnen müssen die Größen die gleichen Einheiten haben.
2. Multipliziere erst die Zahlen miteinander.
3. Zwei Längeneinheiten miteinander multipliziert ergeben die Längeneinheit im Quadrat. Füge die Flächeneinheit an.

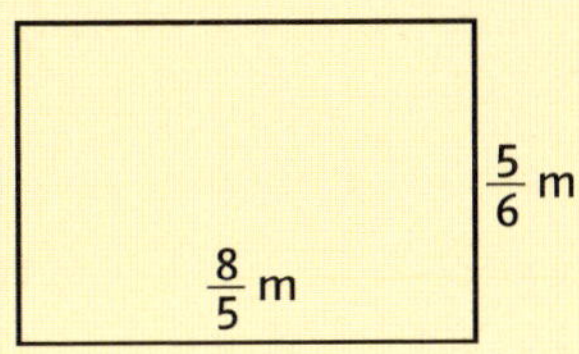

$$\frac{8}{5}\,\text{m} \cdot \frac{5}{6}\,\text{m} = \frac{8 \cdot 5}{5 \cdot 6}\,\text{m}^2 = \frac{4}{3}\,\text{m}^2$$

2. **Drei Seiten eines Körpers oder die Grundfläche und die Höhe sind gegeben, der Rauminhalt soll berechnet werden.**

Beispiel: Berechne den Rauminhalt des Aquariums.

1. Zum Rechnen müssen die Größen die gleichen Einheiten haben.
2. Multipliziere erst die Zahlen miteinander.
3. Drei Längeneinheiten miteinander multipliziert ergeben die Längeneinheit hoch drei, also eine Volumeneinheit. Füge diese Volumeneinheit der Maßzahl an.

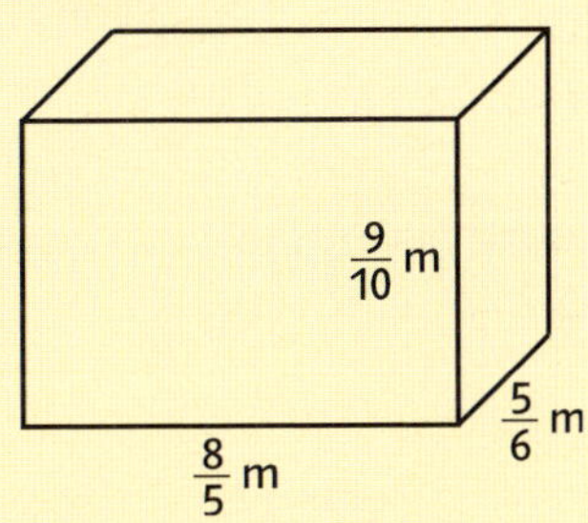

$$\frac{8}{5}\,\text{m} \cdot \frac{5}{6}\,\text{m} \cdot \frac{9}{10}\,\text{m} = \frac{8 \cdot 5 \cdot 9}{5 \cdot 6 \cdot 10}\,\text{m}^3$$

$$= \frac{\overset{4}{\cancel{8}} \cdot \overset{1}{\cancel{5}} \cdot \overset{3}{\cancel{9}}}{\underset{1}{\cancel{5}} \cdot \underset{2}{\cancel{6}} \cdot \underset{5}{\cancel{10}}} = \frac{12}{10}\,\text{m}^3$$

$$= \frac{6}{5}\,\text{m}^3$$

1

Berechne soweit wie möglich im Kopf.

a) $\frac{2}{3}\cdot\frac{1}{2}$ b) $\frac{2}{5}\cdot\frac{2}{3}$ c) $\frac{1}{7}\cdot\frac{3}{4}$ d) $\frac{5}{6}\cdot\frac{6}{7}$

e) $\frac{30}{20}\cdot\frac{18}{45}$ f) $\frac{33}{26}\cdot\frac{14}{88}$ g) $\frac{60}{48}\cdot\frac{72}{45}$ h) $\frac{81}{51}\cdot\frac{34}{54}$

2

Denke daran
In der Kürze liegt die Würze!

Berechne.

$\cdot$	$\frac{3}{10}$	$\frac{2}{3}$	$\frac{5}{8}$
$\frac{3}{4}$			
$\frac{5}{6}$			
$\frac{8}{5}$			

3

Berechne die Produkte.

a) $\frac{2}{3}\cdot\frac{14}{6}\cdot\frac{9}{8}$ b) $\frac{4}{5}\cdot\frac{4}{5}\cdot\frac{4}{5}$ c) $\frac{1}{4}\cdot\frac{2}{3}\cdot\frac{3}{2}\cdot\frac{4}{1}$ d) $\frac{5}{2}\cdot\frac{3}{4}\cdot 1$

4

Wie viel sind …?

a) $\frac{5}{6}$ von $\frac{3}{8}$ kg b) $\frac{2}{9}$ von $\frac{3}{10}$ l c) $\frac{9}{10}$ von $\frac{2}{3}$ m

5

Schreibe als Produkt von zwei Brüchen.

a) $\frac{8}{39}$ b) $\frac{32}{63}$ c) $\frac{40}{21}$

6

Wie verändert sich ein Produkt, wenn
a) ein Faktor halbiert wird?
b) beide Faktoren verdoppelt werden?
c) ein Faktor halbiert, der zweite Faktor verdoppelt wird?
d) drei Faktoren halbiert werden?

7

Berechne die Flächeninhalte der folgenden Figuren.

a)

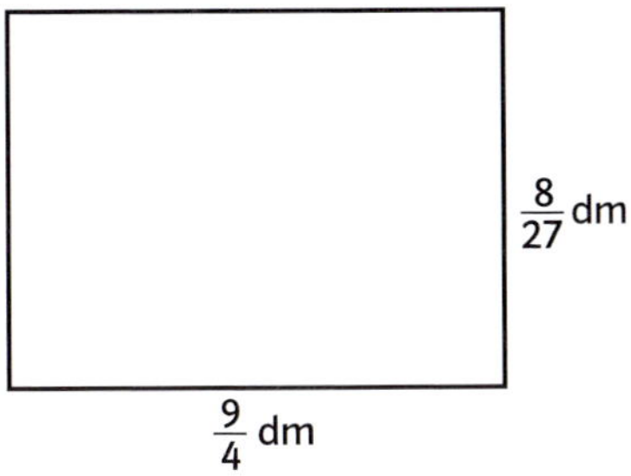

b)

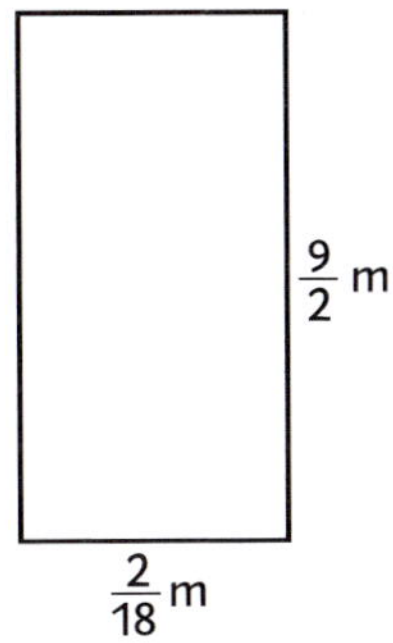

c)

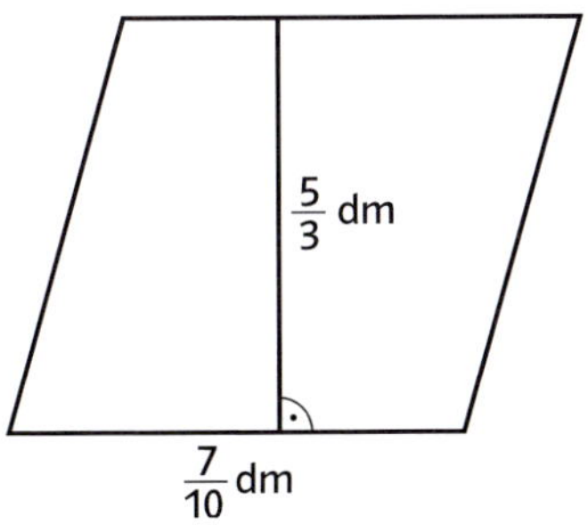

d)

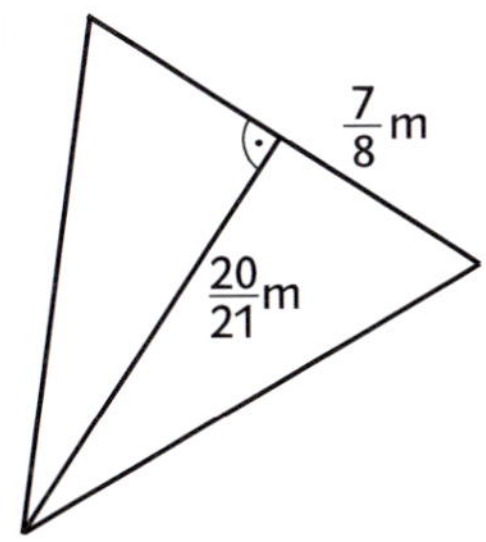

8

Berechne das Volumen der Behälter.

a)

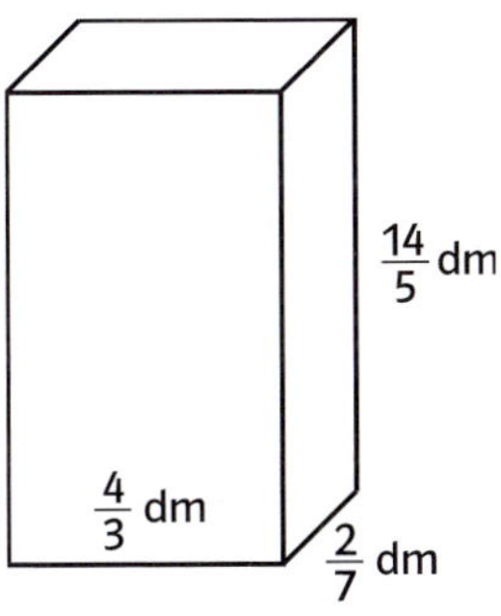

b)

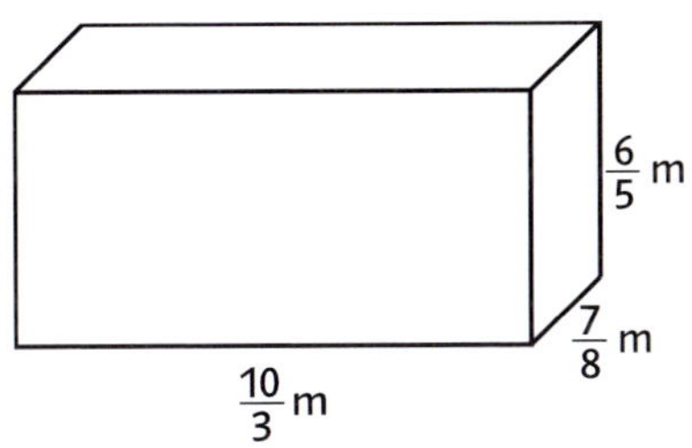

3.3 Dividieren von Brüchen

Addieren, Subtrahieren und Multiplizieren von Brüchen hast du schon geübt. Jetzt fehlt dir noch die Division. Die brauchst du vor allem bei geometrischen Aufgaben.
Deshalb trainierst du in diesem Abschnitt
- Brüche durch Brüche zu dividieren,
- Größenangaben zu dividieren.

Was ist ein Kehrbruch?

Den **Kehrbruch** (auch **Kehrwert**) eines Bruches erhältst du, wenn du **Zähler** und **Nenner** vertauschst.

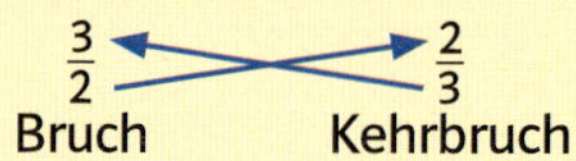

So dividierst du einen Bruch durch einen Bruch

Beispiel: Berechne $\frac{8}{15} : \frac{4}{5}$

Multipliziere den ersten Bruch mit dem Kehrbruch des zweiten Bruches.

$$\frac{8}{15} : \frac{4}{5} = \frac{8}{15} \cdot \frac{5}{4} = \frac{8 \cdot 5}{15 \cdot 4} = \frac{2}{3}$$

Beim Dividieren von Größenangaben musst du Folgendes beachten

Bei geometrischen Aufgaben musst du oft Größen durcheinander teilen. Dabei kannst du zwei Aufgabentypen unterscheiden.

1. **Der Flächeninhalt einer Fläche und eine Seite sind gegeben, die fehlende Seite soll berechnet werden.**

   Beispiel: Berechne die Länge der fehlenden Seite.

   1. Überlege dir zuerst die Einheit der fehlenden Seite.

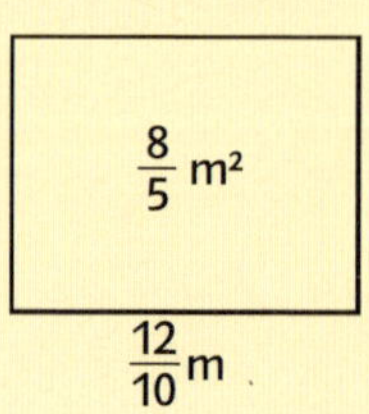

2. Dividiere den Flächeninhalt durch die Länge der Seite. Rechne ohne Einheiten.

$$\frac{8}{5}:\frac{12}{10}=\frac{8\cdot 10}{5\cdot 12}=\frac{4}{3}$$

3. Füge zum Ergebnis die Maßeinheit an.

Die fehlende Seite ist also $\frac{4}{3}$m lang.

2. Das Volumen eines Körpers und die Seiten der Grundfläche oder die Grundfläche selbst sind gegeben, die Höhe soll berechnet werden.

Beispiel: Wie hoch steht das Wasser im Aquarium?

1. Überlege dir zuerst die Einheit der Höhe.

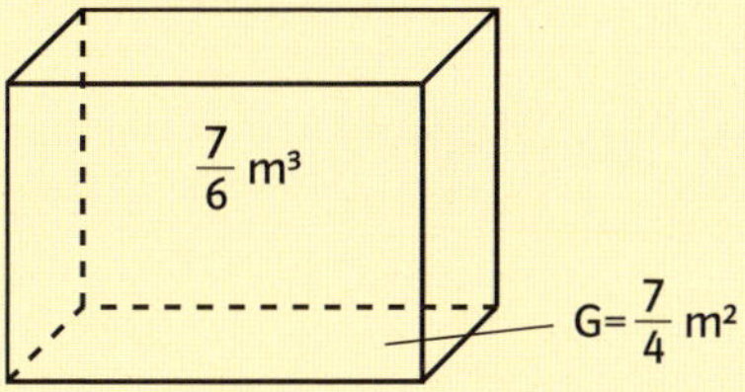

2. Dividiere das Volumen durch die Grundfläche. Rechne ohne Einheiten. Eventuell musst du noch die Grundfläche mit der Formel „Länge mal Breite“ berechnen.

$$\frac{7}{6}:\frac{7}{4}=\frac{7}{6}\cdot\frac{4}{7}=\frac{7\cdot 4}{6\cdot 7}=\frac{2}{3}$$

3. Füge zum Ergebnis die Maßeinheit an.

Das Wasser steht also $\frac{2}{3}$m hoch.

1

Berechne.

a) $\frac{3}{4}:\frac{1}{8}$ b) $\frac{16}{15}:\frac{4}{21}$ c) $\frac{17}{52}:\frac{85}{13}$ d) $\frac{3}{10}:\frac{9}{15}$

e) $\frac{18}{14}:\frac{6}{28}$ f) $\frac{49}{36}:\frac{21}{45}$ g) $\frac{44}{56}:\frac{55}{70}$ h) $\frac{4}{9}:\frac{2}{3}$

2

Rechne die Umkehraufgabe.

Ergänze die fehlenden Zahlen.

a) $\frac{3}{5}:\square=\frac{9}{20}$ b) $\square:\frac{3}{2}=\frac{4}{15}$ c) $\square:\frac{5}{7}=\frac{28}{15}$ d) $\frac{3}{8}:\square=\frac{33}{56}$

3

Fülle die Tabelle aus.

:	$\frac{4}{3}$	$\frac{15}{12}$	$\frac{25}{24}$
$\frac{1}{2}$			
$\frac{5}{4}$			
$\frac{9}{8}$			

4

Beachte
$A_{\triangle}$ = Seite · Höhe · $\frac{1}{2}$

Berechne die fehlende Seite.

a)

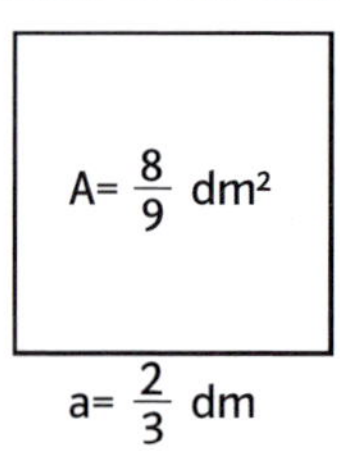

b)

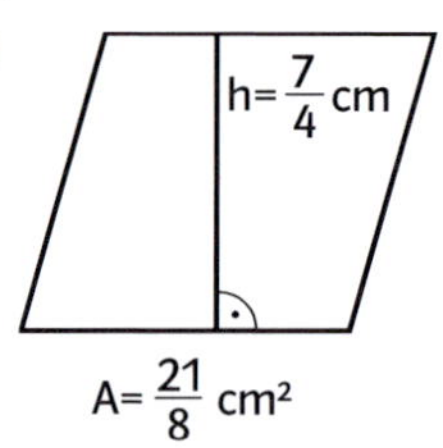

c)

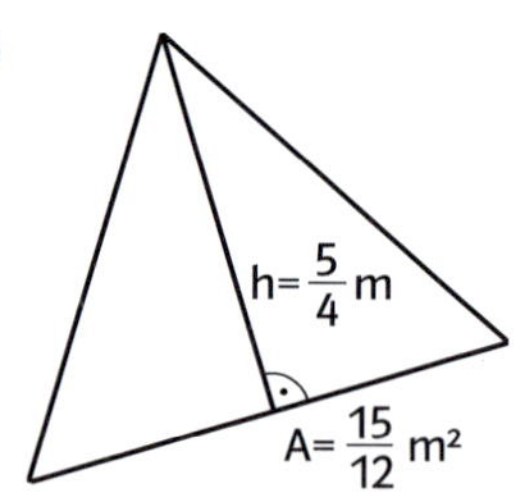

5

Berechne die Höhe.

a)

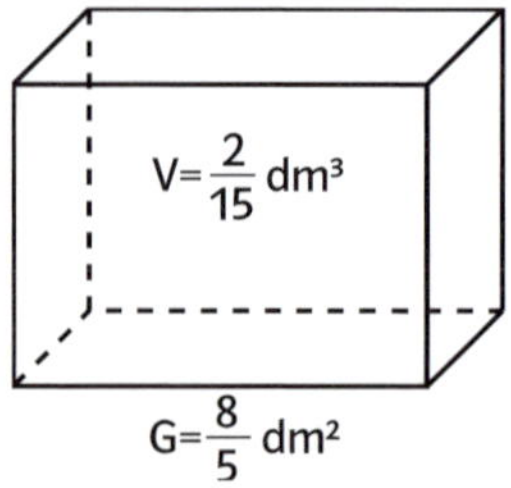

b)

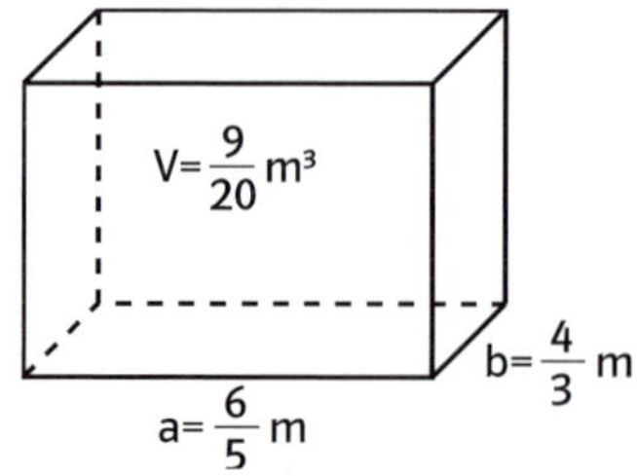

6

1	2	3	4

Bilde aus den Zahlenkärtchen zwei Divisionsaufgaben, so dass das Ergebnis

a) so groß wie möglich wird.

b) so klein wie möglich

3.4 Multiplizieren und Dividieren von gemischten Zahlen

Bei Rechnungen treten oft gemischte Zahlen auf. Das Multiplizieren und Dividieren von gemischten Zahlen geht nicht ganz so leicht wie das Addieren und Subtrahieren.
Deshalb trainierst du hier

- noch einmal das Umwandeln von gemischten Zahlen in Brüche,
- gemischte Zahlen zu multiplizieren und zu dividieren.

So multiplizierst und dividierst du gemischte Zahlen

1. Wandle die gemischten Zahlen in Brüche um.
2. Rechne weiter nach den Regeln der Multiplikation oder Division.

Beispiele:

a) $2\frac{1}{4} : 3\frac{3}{8} = \frac{9}{4} : \frac{27}{8} = \frac{9}{4} \cdot \frac{8}{27} = \frac{2}{3}$

b) $1\frac{4}{5} \cdot 4\frac{1}{6} = \frac{9}{5} \cdot \frac{25}{6} = \frac{15}{2}$

1

Berechne.

a) $2\frac{4}{6} \cdot 2\frac{1}{4}$ b) $2\frac{1}{3} \cdot 1\frac{1}{4}$ c) $2\frac{1}{4} \cdot 1\frac{3}{5}$

2

a) $\frac{5}{8} : 3\frac{1}{25}$ b) $4\frac{1}{6} : 1\frac{1}{2}$ c) $3\frac{3}{5} : \frac{3}{5}$

3

Fülle die Platzhalter aus.

a) $2\frac{2}{5} \cdot \square = 5\frac{3}{5}$ b) $3\frac{3}{4} : \square = 5\frac{1}{4}$ c) $\square \cdot 1\frac{3}{7} = 2\frac{1}{2}$ d) $\square : 3\frac{1}{5} = 1\frac{1}{24}$

3.5 Doppelbrüche

Manchmal kommt es vor, dass im Zähler und im Nenner eines Bruches wieder Brüche stehen.
Hier übst du
- den Umgang mit Doppelbrüchen,
- Doppelbrüche geschickt zu berechnen

Was ist ein Doppelbruch?

Ein **Doppelbruch** ist eine andere Schreibweise für die **Division zweier Brüche**. Dabei ersetzt der (große) Bruchstrich das Geteiltzeichen.

Beispiel:

$$\frac{\frac{2}{5}}{\frac{6}{10}} = \frac{2}{5} : \frac{6}{10}$$

Willst du einen Doppelbruch berechnen, kannst du so vorgehen:
1. Schreibe den Doppelbruch als Division, also Bruch im Zähler geteilt durch den Bruch im Nenner.
2. Bilde vom zweiten Bruch den Kehrbruch und multipliziere den ersten Bruch damit.
   Vergiss nicht zu kürzen.

Berechne $\frac{\frac{2}{5}}{\frac{6}{10}}$

$$\frac{\frac{2}{5}}{\frac{6}{10}} = \frac{2}{5} : \frac{6}{10} = \frac{2}{5} \cdot \frac{10}{6} = \frac{20}{30} = \frac{2}{3}$$

Achtung
Bestehen Zähler und Nenner aus Termen, ersetzt der Bruchstrich die Klammern.

1

Berechne.

a) $\frac{\frac{3}{4}}{\frac{3}{2}}$ b) $\frac{\frac{1}{7}}{\frac{5}{14}}$ c) $\frac{\frac{2}{15}}{\frac{3}{5}}$ d) $\frac{\frac{3}{8}}{\frac{9}{2}}$ e) $\frac{\frac{8}{9}}{\frac{3}{10}}$

f) $\frac{\frac{4}{5}}{\frac{2}{3}}$ g) $\frac{\frac{16}{21}}{\frac{24}{7}}$ h) $\frac{\frac{70}{36}}{\frac{35}{48}}$ i) $\frac{\frac{2}{3}+\frac{5}{6}}{\frac{9}{4}}$ j) $\frac{\frac{4}{15}}{\frac{2}{5}+\frac{3}{10}}$

3.6 Multiplizieren und Dividieren mit Zehnerpotenzen

Besonders einfach kannst du Dezimalzahlen mit Zehnerzahlen multiplizieren oder durch Zehnerzahlen dividieren, wenn du das Komma richtig verschiebst.
Deshalb trainierst du hier
- das Rechnen mit Kommaverschiebung,
- die Bedeutung der Kommaverschiebung.

So multiplizierst du Dezimalzahlen mit einer Zehnerpotenz

Bei einer **Multiplikation** mit einer Zehnerpotenz musst du das **Komma um die Anzahl der Nullen nach rechts verschieben.**
Reicht die Anzahl der Ziffern nicht aus, so musst du zusätzliche Nullen anhängen.

$6{,}456 \cdot 10 = 64{,}56$
$6{,}456 \cdot 100 = 645{,}6$
$6{,}456 \cdot 1000 = 6456$
$6{,}456 \cdot 10\,000 = 64\,560$

Bei einer **Division** durch eine Zehnerpotenz musst du das **Komma um die Anzahl der Nullen nach links verschieben.**
Reicht die Anzahl der Ziffern nicht aus, so musst du in die Lücken Nullen einfügen.

$83{,}01 : 10 = 8{,}301$
$83{,}01 : 100 = 0{,}8301$
$83{,}01 : 1000 = 0{,}08301$
$83{,}01 : 10\,000 = 0{,}0008301$

Beachte
Die Division einer Dezimalzahl durch 10, durch 100 oder durch 1000 entspricht einer Multiplikation mit $0{,}1 = \frac{1}{10}$ mit $0{,}01 = \frac{1}{100}$ bzw. mit $0{,}001 = \frac{1}{1000}$.

1

Berechne die Produkte.

a) $35{,}64 \cdot 10$ b) $0{,}414 \cdot 100$ c) $4{,}85 \cdot 1000$
d) $23 \cdot 100$ e) $0{,}25 \cdot 100$ f) $54{,}845 \cdot 10\,000$

2

Berechne die Quotienten.

a) $42,605 : 10$ b) $0,54 : 100$ c) $5,41 : 1000$
d) $7,159 : 100$ f) $21 : 10$ g) $982,31 : 10\,000$

3

Jeweils zwei Terme sind gleich. Welche?

$0,52 \cdot 10$ $5,2 : 10$ $0,052 \cdot 1000$ $52 : 100$
$5,2 \cdot 10$ $520 : 100$ $0,0052 \cdot 1000$

4

Welche Rechnungen musst du hier durchführen?

a) $0,63$ ____ $= 630$ b) $1,7$ ____ $= 0,017$ c) ____ $: 100 = 0,072$
d) $0,646$ ____ $= 6460$ e) $0,45$ ____ $= 0,0045$ f) ____ $\cdot 100 = 8,09$

5

Eine Zahl wird zuerst durch 10 geteilt, das Ergebnis nochmals durch 100 dividiert. Welche Zahl ergibt sich, wenn die Zahl anschließend mit 10 000 multipliziert wird?

6

Kannst du die Aufgaben ohne Zwischenschritte berechnen?

a) $65,26 \cdot 100 : 10\,000 \cdot 1000$ b) $0,0184 \cdot 10 \cdot 100 \cdot 1000$
c) $75\,501,08 : 10 : 100 : 1000$ d) $92,03 \cdot 10 \cdot 100 : 1000 : 1000$

3.7 Multiplizieren von Dezimalzahlen

Beim Rechnen mit Größen musst du häufig zwei Dezimalzahlen miteinander multiplizieren. Bisher musstest du dafür die Größen umwandeln oder die Dezimalzahlen in Brüche umwandeln.
Jetzt trainierst du die Multiplikation von Dezimalzahlen ohne Umweg.

So multiplizierst du zwei Dezimalzahlen:

Vorzeichenregeln

·	+	−
+	+	−
−	−	+

1. Bestimme gegebenenfalls das Vorzeichen nach den Vorzeichenregeln der Multiplikation und führe zuerst eine **Überschlagsrechnung** durch.
2. Multipliziere die Zahlen ohne Berücksichtigung der Kommas und der Vorzeichen.
3. Zähle die Nachkommastellen der beiden Zahlen zusammen.
4. Setze das Komma so, dass das Ergebnis genauso viele Stellen nach dem Komma hat wie beide Faktoren zusammen.

Beispiel: Berechne 4,83 · 0,912
Ü: 5 · 1 = 5

4	8	3	·	0	9	1	2
				0			
		4	3	4	7		
				4	8	3	
					9	6	6
		4	4	0	4	9	6

Die Faktoren haben insgesamt 5 Nachkommastellen.
Ergebnis: 4,40496
← 5 Stellen

1

Berechne im Kopf.

a) 0,3 · 5 b) 0,12 · 7 c) 2,1 · 6 d) 0,015 · 4
e) 0,23 · 5 f) 0,8 · 0,1 g) 1,1 · 0,9 h) 0,8 · 0,7

2

Berechne schriftlich. Überprüfe dein Ergebnis durch eine Überschlagsrechnung.

a) 2,563 · 4,01 b) 61,91 · 2,23 c) 1,24 · 0,79
d) 5,9 · 39,82 e) 10,42 · 0,5 f) 15,9 · 0,48

3

Setze das Komma so, dass das Ergebnis stimmt.

a) 52,731 · 132 = 6960492 b) 0,13 · 93124 = 1210612
c) 8,02 · 6639 = 5324478 d) 727,1 · 9301 = 67627571

4

Suche die Fehler und korrigiere die Aufgaben.

a) 0,5 · 0,3 = 0,15 b) 7,1 · 10 = 70,10 c) 0,4 · 0,5 = 0,2
d) 0,2 · 0,2 = 0,4 e) 2,4 · 0,5 = 1,2 f) 0,003 · 3 = 3,003

Hast du hier Probleme, musst du das Einmaleins noch mal trainieren.

5

Finde je drei Multiplikationsaufgaben, die folgende Ergebnisse haben.

a) 6,25 b) 0,124

6

Berechne jeweils den Flächeninhalt eines Rechtecks mit den Seitenlängen

a) a = 0,5 m; b = 0,85 m b) a = 12,58 dm; b = 27,7 dm

Tipp
Hat der zweite Faktor mehr Stellen, kannst du dir durch Vertauschen der Faktoren einen Rechenvorteil verschaffen.

7

Berechne den Rauminhalt der Pakete und sortiere sie der Größe nach.

a) 22,5 cm × 14,5 cm × 3,5 cm
b) 37,5 cm × 13 cm × 13 cm
c) 25 cm × 17,5 cm × 10 cm
d) 40 cm × 25 cm × 15 cm
e) 50 cm × 30 cm × 20 cm
f) 35 cm × 25 cm × 12 cm

3.8 Dividieren einer Dezimalzahl durch eine ganze Zahl

Die Division einer Dezimalzahl durch eine ganze Zahl hast du wahrscheinlich schon öfter durchgeführt, z. B. wenn du deinen Notenschnitt ausgerechnet hast.
In diesem Abschnitt trainierst du noch einmal
- die Division einer Dezimalzahl durch eine ganze Zahl,
- deine Rechnung durch einen Überschlag zu kontrollieren.

So dividierst du eine Dezimalzahl durch eine ganze Zahl

1. Dividiere, wie du es bei ganzen Zahlen gewohnt bist.
2. Setze beim Überschreiten des Kommas auch im Ergebnis ein Komma.
3. Überprüfe dein Ergebnis durch eine Überschlagsrechnung.

Beispiel: Berechne 28,8 : 12

2	8,	8	:	1	2	=	2,	4
2	4							
	4	8						
	4	8						
		0						

Ü: 24 : 12 = 2

Tipp
Wähle beim Überschlagen die Zahlen so, dass du die Rechnung gut im Kopf lösen kannst.

Beispiele:

a) **Wie rechnet man 7,65 : 9?**
Hier liegt die Schwierigkeit darin, dass du schon gleich zu Beginn das Komma setzen musst, da „die 9 nicht in die 7 geht". Also beginnt das Ergebnis mit 0,… .

7,65 : 9 = 0,85

7,	6	5	:	9	=	0,	8	5
0								
7	6							
7	2							
	4	5						
	4	5						
		0						

Ü: 8,1 : 9 = 0,9

b) **Wie rechnet man 18,2 : 4?**
Hier geht die Division nicht sofort auf. Deshalb kannst du an den Rest eine 0 setzen und weiter rechnen.

18,2 : 4 = 4,55

1	8,	2	:	4	=	4,	5	5
1	6							
	2	2						
	2	0						
		2	0					
		2	0					
			0					

Ü: 20 : 4 = 5

1

Berechne im Kopf.

a) 0,15 : 5 b) 5,6 : 8 c) 0,66 : 3 d) 1,12 : 8
e) 0,012 : 4 f) 9,27 : 9 g) 4,9 : 7 h) 0,077 : 11

2

Es ist 4260 : 5 = 852. Berechne damit die folgenden Quotienten und erkläre, wie du vorgehen musst.

a) 426 : 5 b) 42,6 : 5 c) 4,26 : 5 d) 0,426 : 5
e) 4260 : 50 f) 426 : 50 g) 42,6 : 50 h) 4,26 : 50
i) 4260 : 500 j) 426 : 500 k) 42,6 : 500 l) 4,26 : 500

3

Berechne die Quotienten.

a) 35,88 : 6 b) 49,623 : 7 c) 42,6 : 15 d) 532,32 : 8
e) 3,52 : 5 f) 0,374 : 11 g) 910,65 : 50 h) 28,08 : 12

4

Ergänze Kommas, so dass eine richtige Aufgabe entsteht.

a) 3032 : 8 = 3,97 b) 4125 : 3 = 13,75 c) 6828 : 12 = 0,569
d) 322 : 5 = 6,44 e) 110 432 : 7 = 15,776 f) 6498 : 9 = 7,22

5

a) Hanin soll aus einem 5,79 m langen Seil ein gleichseitiges Dreieck legen. Wie lang ist jede Seite?
b) Derya hat ein 7,5 dm langes Drahtstück und soll ein Quadrat formen. Wie lang ist eine Seite?

6

a) Ein Kasten Mineralwasser mit 12 Flaschen kostet 4,68 €. Wie viel kostet eine Flasche?
b) Ein Kasten Apfelsaft mit sechs 1 l-Flaschen kostet 7,98 €. Was müsste demnach eine Flasche Apfelsaft kosten?

7

Nach dem Schullandheimaufenthalt waren noch 355 € übrig, die an die 32 Schüler ausgezahlt werden sollen. Wie viel Euro bekommt jeder Schüler zurück?

Tipp
Rechne auf Cent genau, denn genauer zu rechnen macht hier keinen Sinn.

3.9 Dividieren von Dezimalzahlen

Du kannst zwei Dezimalzahlen dividieren, indem du sie in Brüche umwandelst und diese nach den Regeln der Division bei Brüchen teilst. Dieses Verfahren ist oft sehr umständlich, vor allem, wenn die Dezimalzahlen mehrere Stellen nach dem Komma haben.
Deshalb trainierst du jetzt

- Dezimalzahlen schriftlich zu dividieren,
- deine Rechnung durch eine Überschlagsrechnung zu überprüfen.

Beim Dividieren von Dezimalzahlen kannst du so vorgehen

1. Verschiebe bei **beiden** Zahlen das Komma um gleich viele Stellen so weit nach rechts, bis der **Divisor**, also die Zahl, durch die geteilt wird, eine **ganze Zahl** ist.
2. Rechne nun weiter, wie du es bei der Division durch eine ganze Zahl gelernt hast. Vergiss nicht, beim Überschreiten des Kommas auch im Ergebnis ein Komma zu setzen.
3. Überprüfe dein Ergebnis durch eine Überschlagsrechnung.

Beispiel: Berechne 68,25 : 0,3

```
  6 8 2,5 : 3 = 2 2 7,5
- 6
  0 8
    6
    2 2
    2 1
      1 5
      1 5
        0
```

Ü: 68,25 : 0,3 = 682,5 : 3
≈ 690 : 3 = 230

Beachte:
Hat die Zahl, durch die du teilen musst (der Divisor), mehr Nachkommastellen als die zu teilende Zahl (der Dividend), dann musst du an diese erste, zu teilende Zahl Nullen anhängen.

Beispiel:
Berechne 8,5 : 0,25
8,5 : 0,25
= 850 : 25 = 34

1

Berechne im Kopf.

a) 5 : 0,1 b) 2 : 0,5 c) 3,2 : 0,4 d) 1 : 0,25
e) 0,6 : 0,2 f) 0,6 : 0,05 g) 1,8 : 0,06 h) 22 : 0,01

2

Berechne die Quotienten.

a) 0,1893 : 0,03 b) 17,484 : 1,2 c) 0,5229 : 0,9

d) 3,15 : 0,125 e) 0,36 : 0,016 f) 7,0161 : 0,7

3

Finde die richtige Lösung, indem du eine Überschlagsrechnung durchführst.

a) 22,8 : 4,56	0,05	0,5	5	50	500
b) 1,61 : 0,07	0,023	0,23	2,3	23	230
c) 18,45 : 1,5	0,0123	0,123	1,23	12,3	123

4

Yannick hat ein neues Aquarium bekommen. Es ist 1,5 m lang, 0,6 m breit und 1 m hoch. Er füllt 800 l Wasser ein. Wie hoch steht das Wasser im Aquarium?

Tipp
1 l = 1 dm³

3.10 Dezimalzahlen und Brüche

Eine Dezimalzahl in einen Bruch umzuwandeln ist nicht schwer, da Dezimalzahlen nur Zehnerzahlen im Nenner haben. Wie ist das aber, wenn du einen beliebigen Bruch in eine Dezimalzahl umwandeln willst? Dazu kannst du die Division von Dezimalzahlen als Hilfsmittel nehmen. Deshalb trainierst du in diesem Abschnitt noch einmal

- die Division von Dezimalzahlen,
- einen beliebigen Bruch in eine Dezimalzahl umzuwandeln.

So wandelst du einen Bruch in eine Dezimalzahl um

Du kannst jeden Bruch als Quotienten schreiben, indem du den Zähler durch den Nenner dividierst. Dabei können zwei Fälle auftreten.

1. Fall: **abbrechende Dezimalzahlen**
   Die Ziffernfolge nach dem Komma bricht ab.

$\frac{5}{8}$ =

5	:	8	=	0,	6	7	5
0							
5	0						
4	8						
	2	0					
	1	6					
		4	0				
		4	0				
			0				

2. Fall: **periodische Dezimalzahlen**
   Eine Ziffer oder Ziffernfolge wiederholt sich nach dem Komma ständig.
   Man nennt sie **Periode** und kennzeichnet sie mit einem **Oberstrich**.

$\frac{2}{3}$ =

2	:	3	=	0,	6	6	6
0							
2	0						
1	8						
	2	0					
	1	8					
		2	0				
		1	8				
			2	0			
				...			

$= 0{,}\overline{6}$

lies: Null Komma Periode sechs

Beachte
Tritt die Periode nicht direkt nach dem Komma auf wie z. B. bei $\frac{1}{12} = 0{,}08\overline{3}$, so nennt man diese Zahl gemischt periodisch.

1

a) Überprüfe durch schriftliches Dividieren, ob es sich bei den folgenden Brüchen um abbrechende oder periodische Dezimalzahlen handelt.

$\frac{1}{4}$; $\frac{3}{4}$; $\frac{1}{8}$; $\frac{3}{8}$; $\frac{1}{3}$; $\frac{1}{6}$; $\frac{5}{6}$; $\frac{1}{7}$; $\frac{2}{7}$; $\frac{1}{5}$; $\frac{1}{9}$

b) Woran kannst du erkennen, ob es sich bei einem Bruch um eine abbrechende oder periodische Dezimalzahl handelt?

2

Welcher Bruch gehört zu welcher Dezimalzahl? Ordne von links nach rechts jeder Dezimalzahl den passenden Bruch zu und du erhältst das Lösungswort.

$0{,}375$ $0{,}\overline{1}$ $0{,}8$ $0{,}\overline{6}$ $0{,}\overline{3}$ $0{,}1$ $0{,}08\overline{3}$ $0{,}\overline{8}$

$\frac{8}{9}$ N	$\frac{2}{3}$ S	$\frac{1}{10}$ E	$\frac{4}{5}$ N	$\frac{1}{12}$ I	$\frac{1}{9}$ I	$\frac{3}{8}$ E	$\frac{1}{3}$ T

3

Hier besteht die Periode aus einer längeren Ziffernfolge. Berechne.

a) $\frac{1}{7}$ b) $\frac{1}{21}$ c) $\frac{1}{35}$

4

Welche Ziffer steht an der 12. Stelle nach dem Komma?

a) $\frac{1}{15} = 0{,}0\overline{6}$ b) $\frac{5}{12} = 0{,}41\overline{6}$ c) $\frac{2}{7} = 0{,}\overline{285714}$

5

Du hast schon verschiedene Perioden kennen gelernt. Überlege, wie lang eine Periode bei einem Stammbruch maximal sein kann.

Ein Stammbruch ist ein Bruch mit Zähler 1.

Tipp: Berechne als Hilfe $\frac{1}{7}$ und $\frac{1}{17}$. Beide haben maximale Periodenlänge.

3.11 Rechenausdrücke mit Brüchen und Dezimalzahlen

Die Rechenregeln und Gesetze, die du schon bei den ganzen Zahlen kennen gelernt hast, gelten auch bei den Brüchen. Sie legen nicht nur die Reihenfolge beim Rechnen fest, sondern helfen dir auch, einfacher zu rechnen.

Deshalb trainierst du auf den nächsten Seiten

- den Umgang mit den Rechenregeln und Gesetzen bei Brüchen,
- wie du Rechenausdrücke durch Anwenden der Rechengesetze vereinfachen und lösen kannst.

Beachte beim Rechnen stets die Vorfahrtsregeln

1. Was in **Klammern** steht, wird zuerst berechnet.
2. **Punktrechnung** geht vor Strichrechnung.
3. Treten nur Punkt- oder nur Strichrechnungen und keine Klammern auf, rechne **von links nach rechts**.

Gehe beim Lösen von Termen schrittweise vor

Ein Rechenbaum hilft dir, deine Aufgabe übersichtlich zu lösen.
Schreibe jede Umformung in eine neue Zeile, die du immer mit „=" beginnst. Übernimm die unveränderten Teile.
Schreibe das Ergebnis als vollständig gekürzten Bruch.

$$\frac{3}{4}\cdot\underbrace{\left(\frac{1}{3}+\frac{5}{6}\right)}$$
$$=\frac{3}{4}\cdot\frac{7}{6}$$
$$=\frac{\overset{1}{\cancel{3}}\cdot 7}{4\cdot \underset{2}{\cancel{6}}}$$
$$=\frac{7}{8}$$

1

Übersetze jeden Term in einen Text und berechne ihn.

a) $\frac{3}{4}+\frac{5}{4}\cdot\frac{1}{2}$ b) $\left(\frac{1}{5}+\frac{3}{10}\right)\cdot\left(\frac{5}{3}+\frac{7}{4}\right)$ c) $\frac{3}{10}+\frac{3}{5}-\frac{1}{10}+2$

d) $\frac{1}{8}\cdot\frac{2}{5}\cdot\frac{3}{2}\cdot\frac{5}{8}$ e) $0{,}75+2\cdot(0{,}25+1{,}5)$ f) $10{,}9+0{,}5:1{,}25$

2

Schreibe einen Rechenausdruck auf und berechne ihn.

a) Addiere das Produkt aus $\frac{9}{2}$ und $\frac{4}{15}$ zur Differenz aus $\frac{7}{10}$ und $\frac{1}{5}$.

b) Subtrahiere den Quotienten aus $\frac{9}{20}$ und $\frac{2}{5}$ von der Summe aus $\frac{1}{4}$ und $\frac{5}{8}$.

c) Multipliziere den Quotienten aus 5 und 8 mit der Differenz aus $\frac{7}{3}$ und $\frac{4}{5}$.

3

Setze Klammern so, dass die Rechnungen stimmen.

a) $\frac{1}{4} \cdot \frac{7}{10} - \frac{3}{10} + \frac{9}{10} = 1$

b) $\frac{2}{3} + 3 \cdot \frac{3}{4} - \frac{1}{4} = \frac{13}{6}$

c) $\frac{5}{6} + \frac{1}{2} : \frac{5}{4} - \frac{7}{8} = \frac{1}{2}$

4

Welcher Term passt zu welcher Textaufgabe?

① $7 \cdot 1{,}2 - (2 \cdot 0{,}4 + 7)$

② $(7 \cdot 1{,}2 + 3 \cdot 0{,}4) : 7$

③ $(1{,}2 \cdot 0{,}4 \cdot 2 \cdot 0{,}4) : 7$

a) Philipp schwimmt täglich im Training 1,2 km. Zusätzlich trainiert noch dreimal pro Woche in der Schule und schwimmt dort 0,4 km. Wie viel km schwimmt er täglich im Schnitt?

b) Max erhält jeden Tag 1,20 € Taschengeld. Davon gibt er 2 · 0,4 € für Kaugummis aus und 7 € fürs Kino. Wie viel Geld hat er am Ende der Woche übrig?

c) Das neue Aquarium von Steffi ist 1,2 m lang, 0,4 m breit und 0,8 m hoch. Im Aquarium schwimmen zur Zeit 7 Fische. Wie viel Platz hat jeder Fisch zur Verfügung?

5

Finde die Fehler, korrigiere sie und löse die Aufgabe richtig in deinem Heft.

a)
$$\frac{1}{4} + \frac{2}{3} \cdot \frac{6}{8}$$
$$= \frac{3}{12} + \frac{8}{12} \cdot \frac{6}{8}$$
$$= \frac{11}{12} \cdot \frac{6}{8} = \frac{11}{16}$$

b)
$$\frac{20}{15} : \frac{5}{18} + \frac{1}{3}$$
$$= \frac{5}{3} : \frac{5}{18} + \frac{1}{3}$$
$$= \frac{25}{54} + \frac{1}{3} = \frac{25}{54} + \frac{18}{54} = \frac{43}{54}$$

Was ist das Verteilungsgesetz (Distributivgesetz)?

Es gibt Terme, in denen die Klammerregel zu umständlichen Rechnungen führt. In solchen Fällen verschafft dir das Verteilungsgesetz Rechenvorteile.

Beim Kopfrechnen wendest du das Verteilungsgesetz bereits schon an. Statt $4 \cdot 36$ kannst du geschickter $4 \cdot 30 + 4 \cdot 6 = 120 + 24 = 144$ rechnen. Allgemein kann dir das Verteilungsgesetz dabei helfen, eine Summe oder eine Differenz mit einer Zahl geschickt zu multiplizieren.

Beispiel: Berechne $0{,}5 \cdot (2{,}2 + 1{,}8)$

1. Multipliziere jeden Summanden aus der Klammer mit der Zahl.	$0{,}5 \cdot (2{,}2 + 1{,}8)$ $= 0{,}5 \cdot 2{,}2 + 0{,}5 \cdot 1{,}8$
2. Addiere diese beiden Produkte.	$= 1{,}1 + 0{,}9$ $= 2$

Diesen Vorgang nennt man auch **Ausmultiplizieren**.

Du kannst das Verteilungsgesetz aber auch rückwärts anwenden.

Beispiel: Berechne $1{,}6 \cdot 9{,}8 - 1{,}6 \cdot 1{,}8$

1. Suche den gleichen Faktor und schreibe ihn **vor** eine Klammer, die beiden restlichen Faktoren schreibst du mit dem Rechenzeichen **in** die Klammer.	$1{,}6 \cdot 9{,}8 - 1{,}6 \cdot 1{,}8$ $= 1{,}6 \cdot (9{,}8 - 1{,}8)$
2. Berechne die Klammer und multipliziere das Ergebnis mit der Zahl vor der Klammer.	$= 1{,}6 \cdot 8$ $= 12{,}8$

Diesen Vorgang nennt man auch **Ausklammern**.

Beispiel:
Welche Zahl musst du für ▢ jeweils einsetzen?

a) $\frac{1}{3} \cdot \left(\frac{3}{4} + \frac{6}{7}\right) = \square \cdot \frac{3}{4} + \square \cdot \frac{6}{7}$

In den Platzhalter musst du die Zahl vor der Klammer schreiben, also $\frac{1}{3} \cdot \left(\frac{3}{4} + \frac{6}{7}\right) = \frac{1}{3} \cdot \frac{3}{4} + \frac{1}{3} \cdot \frac{6}{7}$

b) $0{,}2 \cdot 0{,}7 + 4{,}3 \cdot 0{,}2 = \square \cdot (0{,}7 + 4{,}3)$

In den Platzhalter musst du den gemeinsamen Faktor schreiben, also $0{,}2 \cdot 0{,}7 + 4{,}3 \cdot 0{,}2 = 0{,}2 \cdot (0{,}7 + 4{,}3)$

6

Setze für $\square$ jeweils die passende Zahl ein.

a) $\frac{5}{8}\cdot\left(\frac{7}{3}-\frac{2}{7}\right)=\square\cdot\frac{7}{3}-\square\cdot\frac{2}{7}$

b) $\square\cdot(1{,}7+2{,}8)=1{,}7\cdot4{,}9+2{,}8\cdot4{,}9$

c) $\frac{3}{8}\cdot\left(\square-\frac{2}{9}\right)=\frac{3}{8}\cdot\frac{5}{11}-\frac{2}{9}\cdot\frac{3}{8}$

d) $5{,}7\cdot(3{,}5+\square)=\square\cdot5{,}7+2{,}5\cdot\square$

7

Berechne durch Ausmultiplizieren.

a) $\frac{5}{4}\cdot\left(\frac{2}{5}+\frac{8}{15}\right)$

b) $\left(\frac{4}{3}-\frac{2}{3}\right)\cdot\frac{1}{2}$

c) $\left(\frac{7}{10}+\frac{1}{20}\right)\cdot5$

d) $8\cdot\left(5-\frac{7}{8}\right)$

8

Berechne durch Ausklammern.

a) $\frac{4}{7}\cdot\frac{3}{11}+\frac{4}{7}\cdot\frac{8}{11}$

b) $\frac{1}{6}\cdot\frac{10}{9}-\frac{1}{9}\cdot\frac{1}{6}$

c) $0{,}5\cdot17{,}2+0{,}5\cdot2{,}8$

d) $13\cdot1{,}4-0{,}3\cdot13$

9

Berechne. Entscheide für dich, wie du vorgehen möchtest.

a) $\frac{2}{3}\cdot\left(\frac{9}{4}+\frac{5}{4}\right)$

b) $\left(\frac{5}{7}-\frac{1}{21}\right)\cdot\frac{1}{2}$

c) $(2{,}7-1{,}2)\cdot1{,}5$

d) $0{,}6\cdot0{,}4+0{,}6\cdot0{,}6$

e) $1{,}5\cdot\frac{4}{5}+1{,}5\cdot0{,}2$

f) $1{,}8\cdot2{,}5-0{,}5\cdot1{,}8$

3.12 Rechenausdrücke mit Variablen

Wann immer ein Sachverhalt nach einer festen Regel berechnet werden soll, werden Formeln benutzt. Dabei tauchen meist Platzhalter auf. Du kennst bestimmt noch die Formel zur Berechnung des Flächeninhalts eines Rechtsecks. Dort sind Länge und Breite Platzhalter für irgendwelche Zahlen.
In diesem Unterkapitel kannst du trainieren,

- wie du mit solchen Platzhaltern umgehen und,
- wie du mit Variablen mathematische Sachverhalte beschreiben kannst.

Was ist eine Variable?

Eine **Variable** (auch **Veränderliche**, **Unbekannte** genannt) ist ein Platzhalter in mathematischen Ausdrücken. Neben Symbolen wie z. B. △, □ oder ○ kannst du auch Buchstaben wie x, y oder z als Variablen für bestimmte Zahlen verwenden.

Rechenausdrücke mit Variablen

Einen Rechenausdruck mit einer Variablen kannst du nicht direkt berechnen. Erst wenn du für die Variable **eine Zahl einsetzt**, kannst du den Wert des Terms berechnen.

Beachte: Das Malzeichen zwischen einer Zahl und einer Variablen oder zwei verschiedenen Variablen wird meist weggelassen.
Statt $5 \cdot x$ kannst du einfach 5x schreiben.

Beispiel:
Telefonkosten: 9,95 € Grundgebühr, jede angefangene Minute 0,19 €.
Term: $9{,}95 + 0{,}19 \cdot x$
Variable: x steht für die Anzahl der Minuten
Berechne die Telefonkosten für 5, 20, 45, 200 Minuten, indem du für die Variable x die jeweiligen Zahlen einsetzt.

Tabelle:

	5	20	45	200
$9{,}95 + 0{,}19 \cdot x$	$9{,}95 + 0{,}19 \cdot 5$ = 10,90	$9{,}95 + 0{,}19 \cdot 20$ = 13,75	$9{,}95 + 0{,}19 \cdot 45$ = 18,50	$9{,}95 + 0{,}19 \cdot 200$ = 47,95

1

Berechne den Wert der Terme für $x = 2;\ 5;\ -1;\ \frac{1}{2},\ 0{,}2$.

a) $5x$ b) $2x + 1$ c) $\frac{1}{4}x$

d) $0{,}5x + 2$ e) $0{,}25x + 3$ f) $30 - 3x$

Beachte
Auch beim Berechnen von Termen gelten die Vorfahrtsregeln!

2

Wofür stehen jeweils die Variablen?

a) David ist drei Jahre älter als Dennis: $a - 3$

b) In der Klasse 6a sind fünf Jungen weniger als Mädchen: $x - 5$

c) Umfang U eines gleichseitigen Dreiecks: $U = 3x$

d) Ein Blauwal wiegt so viel wie 22 afrikanische Elefanten: $e = \frac{w}{22}$

3

Der Term $2x + 8y$ soll den Wert 52 erhalten.

a) Gib mehrere Einsetzungsmöglichkeiten für x und y an.

b) Tanita hat die Aufgabe folgendermaßen gelöst: $2 \cdot 5{,}2 + 8 \cdot 5{,}2$
Was meinst du dazu?

Für verschiedene Variablen dürfen gleiche und verschiedene Zahlen eingesetzt werden!

4

Vielleicht interessiert es dich, wie groß du später einmal sein wirst.
Mit einer Formel kannst du deine voraussichtliche Größe berechnen.
Für **Jungen** gilt:
$(x + y + 13) : 2$; x: Größe des Vaters in cm, y: Größe der Mutter in cm.

a) Jonas Vater ist 2 m und seine Mutter 180 cm groß. Berechne, wie groß Jonas voraussichtlich wird.

b) Für **Mädchen** gilt:
Größe des Vaters und der Mutter in cm addieren, davon 13 subtrahieren und das Ergebnis durch 2 teilen.
Stelle einen Rechenausdruck mit Variablen wie oben auf und berechne, wie groß Jasmin (Vater 198 cm, Mutter 168 cm) voraussichtlich werden wird.

Aber Achtung!
Die Formel stimmt nur in etwa zwei von drei Fällen!

3.13 Rechenausdrücke mit Variablen aufstellen

Du kannst schon den Wert eines Terms berechnen. Oft musst du aber zu einer Aufgabe oder Problemstellung den passenden Rechenausdruck erst aufstellen.
In diesem Abschnitt übst du Aufgaben in einen Rechenausdruck zu übersetzen und zu lösen.

So kannst du beim Aufstellen eines Rechenausdruckes vorgehen

Beispiel 1
Max bekommt zum Geburtstag 20 € geschenkt. Er spart zusätzlich jeden Monat 5 € von seinem Taschengeld.

1. Überlege, für welche Größe du einen Rechenausdruck aufstellen sollst.	**gesucht:** Summe des gesparten Geldes
2. Überlege, von welchem Wert die gesuchte Größe abhängt.	Das gesparte Geld hängt von der Anzahl der Monate ab.
3. Beschreibe in Worten, wie du die gesuchte Größe berechnen kannst.	gespartes Geld in €: 20 + Anzahl der Monate · 5
4. Führe eine Variable ein und beschreibe, wofür sie steht.	x: Anzahl der Monate
5. Stelle den Rechenausdruck mit der Variablen auf.	Term: $20 + x \cdot 5$

Beispiel 2
Addiere 5 zu einer gedachten Zahl und multipliziere das Ergebnis mit 4. Bei dieser Aufgabe liegt die Schwierigkeit im Detail. Der Ausdruck „multipliziere das Ergebnis" zeigt dir, dass du den ersten Teil der Aufgabe in Klammern setzen musst.
Lösung: x: gedachte Zahl
Term: $(x + 5) \cdot 4$

Tipp
Bei Zahlenrätseln brauchst du die Schritte 1 bis 3 nicht zu beachten!

1
Übersetze den Text in einen Rechenausdruck.
a) Subtrahiere 5 von einer Zahl.
b) Halbiere eine Zahl und addiere 2.
c) Dividiere eine Zahl durch 4 und multipliziere mit 3.

2

Folgende Flächen sollen aus Draht gebastelt werden. Stelle einen Term auf für den Drahtverbrauch bei unterschiedliche Kantenlängen.

a)

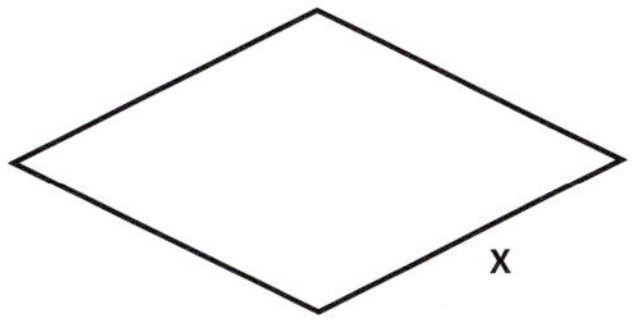

b)

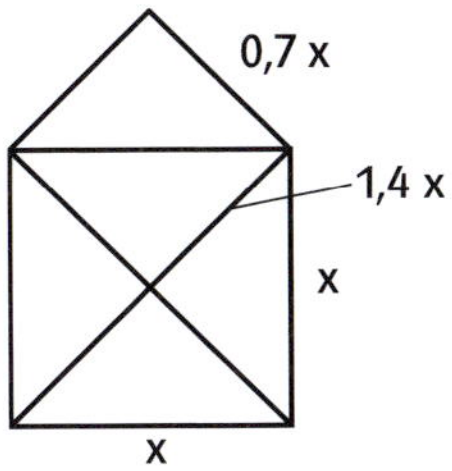

3

Ganz schön haarig: Ein Kopfhaar wächst in einem Monat ungefähr einen Zentimeter. Martinas Haare sind etwa 20 cm lang.

a) Stelle einen Rechenausdruck auf.

b) Berechne, wie lang Martinas Haare nach sechs Monaten, einem Jahr, drei Jahren sind, wenn sie ihre Haare nicht schneiden lässt.

4

Welcher Rechenausdruck passt zu der jeweiligen Tabelle? Berechne auch den fehlenden Wert.

a)

x	0	1	2	3
Wert	3	5	7	

b)

x	0	1	2	3	4
Wert	1	2	5	10	

1. $x^2 + 1$

2. $x + 3$

3. $2x + 3$

5

Findest du zu jeder Tabelle einen passenden Term?

a)

x	0	1	2	3
Wert	2	3	4	5

b)

x	0	1	2	3
Wert	2	5	8	11

Tipp
Betrachte den Wert für x = 0. Diese Zahl musst du addieren. Ändert sich der Wert gleichmäßig um eine Zahl, musst du x mit ihr multiplizieren.

1

Berechne schriftlich. Mache zur Kontrolle einen Überschlag.

Punkte: max. 2

a) $74{,}14 \cdot 1{,}65$ b) $515{,}21 \cdot 123{,}3$ c) $207{,}6 : 12$ d) $6{,}813 : 0{,}3$

2

Berechne.

Punkte: max. 2

a) $\frac{3}{4} \cdot \frac{5}{8} \cdot \frac{2}{3}$ b) $\frac{49}{48} \cdot \frac{16}{63}$ c) $\frac{8}{15} : \frac{4}{5}$ d) $\frac{16}{9} : \frac{4}{3}$

3

Ergänze die fehlenden Zahlen.

Punkte: max. 2

a) $0{,}7 : 0{,}2 = \square$ b) $12{,}3 - \square = 2{,}8$ c) $\frac{8}{15} \cdot \square = \frac{1}{3}$ d) $\frac{3}{4} : \square = \frac{9}{16}$

4

Berechne die Terme.

a) $\left(\frac{5}{9} + \frac{4}{6}\right) : \frac{10}{3}$ b) $2\frac{1}{3} + \frac{3}{8} \cdot \frac{4}{9}$ c) $\frac{5}{6} : \frac{2}{3} - \frac{3}{4}$

Punkte: max. 3

d) $1{,}4 \cdot (2{,}7 - 1{,}3)$ e) $2{,}2 \cdot 3{,}8 + 1{,}2 \cdot 2{,}2$ f) $5 + 5 : 0{,}02$

5

In eine Box mit einer Grundfläche von 0,8 m x 0,5 m werden 0,16 m³ Wasser eingefüllt. Wie hoch steht das Wasser in der Box?

Punkte: max. 3

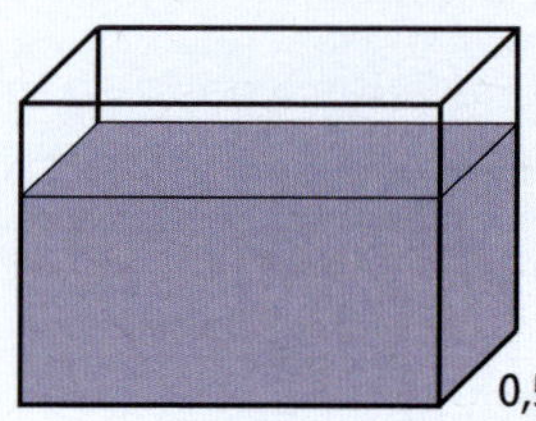

6

Michi kauft für seine Mutter beim Metzger ein. Er soll 200 g Lyoner, $\frac{1}{4}$ kg Schinken, 2 Paar Saiten und 200 g Fleischsalat kaufen. Michi hat 10 € dabei. Reicht sein Geld?

Punkte: max. 3

Fleischsalat	100 g 1,09 €
Lyoner	100 g 0,79 €
Schinken	100 g 1,90 €
Saiten	Stück 0,59 €

Gesamtpunkte: max. 15

Aufgaben Nummer	erreichte Punktzahl von (...)	Lernerfolg	Lerneinheit abhaken ✓
1	_____ (4)	Hast du beide Teilaufgaben richtig gelöst, kannst du das Thema „Multiplizieren und Dividieren von rationalen Zahlen“ abhaken.	3.7 3.9
2	_____ (4)	Bei diesen Aufgaben konntest du zeigen, ob du fit bist im Multiplizieren und Dividieren von rationalen Zahlen.	3.2
3 4	_____ (4) _____ (6)	Bei diesen Aufgaben konntest du zeigen, ob du die Rechenverfahren und die Vorfahrtsregeln sicher beherrscht.	3.11
5 6	_____ (3) _____ (3)	In diesen Textaufgaben wurde nochmals deine Fähigkeit, mit Dezimalzahlen zu rechnen, geprüft. Bei voller Punktzahl kannst du die Abschnitte rechts abhaken.	3.7 3.9 3.11

19 – 24 Punkte	13 – 18 Punkte	7 – 12 Punkte	0 – 6 Punkte
Prima, du hast das Kapitel „Multiplizieren und Dividieren von rationalen Zahlen“ sehr gut verstanden! Jetzt kannst du beschwingt weiter machen. Viel Erfolg beim nächsten Kapitel.	Das klappt ja schon recht ordentlich! Allerdings hast du auch noch einige Fehler gemacht. Wiederhole die Abschnitte noch einmal, die in deiner Checkliste nicht abgehakt sind.	Einige Aufgaben hast du schon ganz gut gelöst, insgesamt sind deine Lücken aber leider noch zu groß. Wiederhole die Abschnitte noch einmal, die in deiner Checkliste nicht abgehakt sind.	Es gibt bei dir noch sehr viele Unsicherheiten. Du musst noch mehr üben! Wiederhole die Abschnitte noch einmal, die in deiner Checkliste nicht abgehakt sind. Überprüfe, ob du die Regeln genau verstanden hast.

4 Kreise und Winkel

4.1 Kreise

Kreise sind besonders interessante geometrische Figuren. Weil sie regelmäßig sind und keine Ecken und Kanten haben, tauchen sie in deinem Alltag auf vielfältige Art und Weise auf. Doch der mathematische Umgang mit Kreisen ist gar nicht so einfach.
Deshalb trainierst du in diesem Abschnitt
- Kreise zu konstruieren,
- den Umgang mit Radius und Durchmesser.

Kreise

Alle Punkte auf einem Kreis haben vom Mittelpunkt M aus den gleichen Abstand r. Dieser Abstand r heißt **Radius** des Kreises.
Die Verbindungsstrecke von zwei Kreispunkten heißt **Sehne**. Geht die Sehne durch den Kreismittelpunkt M, erhältst du den **Durchmesser** d. Der Durchmesser ist doppelt so groß wie der Radius.
Es gilt: $d = 2 \cdot r$

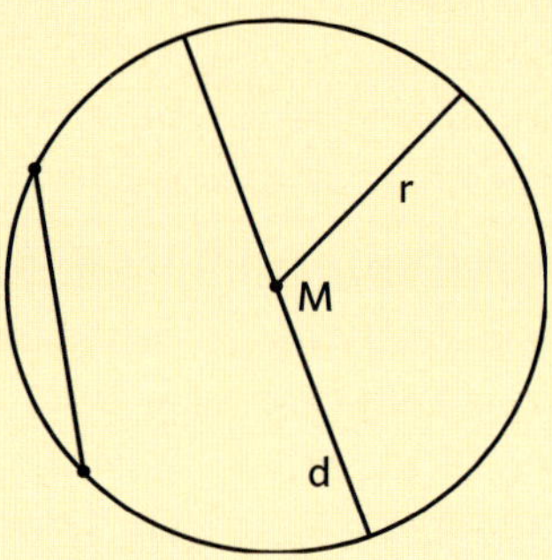

Kreise zeichnest du mit einem **Zirkel**. Dabei entspricht die **Zirkelweite** dem **Radius**.

Beispiel: Zeichne einen Kreis mit Durchmesser d = 6 cm.
Lösung:
Markiere zuerst den Mittelpunkt M und berechne den Radius, der halb so groß wie der Durchmesser ist. Stelle nun den Zirkel auf r = 3 cm ein und zeichne den Kreis um M.

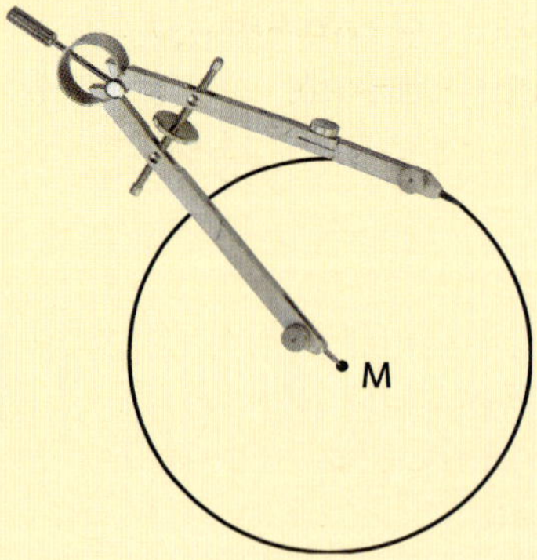

1

Zeichne Kreise mit dem angegebenen Radius r. Gib auch den Durchmesser d an.

a) r = 4 cm b) r = 37 mm c) r = 4,3 cm d) r = 2 cm 9 mm

2

Zeichne Kreise mit dem angegebenen Durchmesser d. Gib dazu den Radius r an.

a) d = 5 cm b) d = 48 mm c) d = 7,2 cm d) d = 1 dm 6 mm

3

Zeichne einen Kreis um M(5 | 4) mit r = 3 cm. Welche Gitterpunkte liegen auf dem Kreis?

4

Zeichne die Punkte A(3 | 0), B(2 | 2), C(5 | 5) und D(0 | 0) in ein Koordinatensystem mit der Einheit 1 cm.

a) Zeichne durch jeden Punkt einen Kreis mit Mittelpunkt M(4 | 3).
b) Miss die Radien der Kreise.

5

Ein Wetterradar (Köln) hat eine durchschnittliche Reichweite von 100 km.

a) Welche Städte befinden sich im Bereich des Wetterradars?
b) Welche Städte liegen direkt auf der Grenze?
c) Wo könnte sich der Standort eines zweiten Wetterradars befinden, damit alle Städte im Bereich eines Wetterradars liegen?

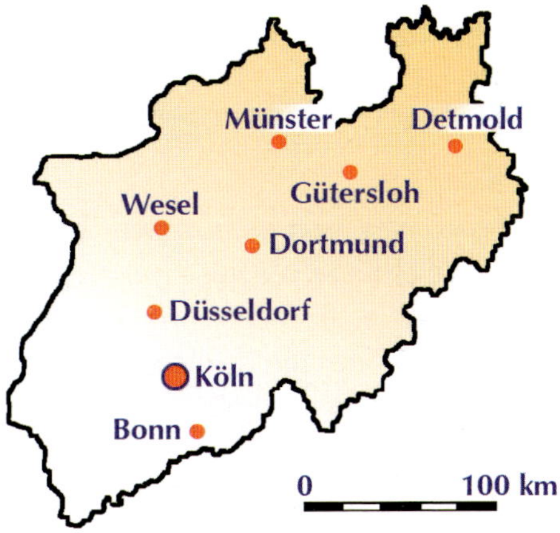

6

Zeichne die Punkte A(0 | 2), B(0 | 6), C(6 | 6) und D(6 | 2) in ein Koordinatensystem mit der Einheit 1 cm.

a) Zeichne einen Kreis, der durch alle vier Punkte geht und gib die Koordinaten seines Mittelpunktes an.
b) Beschreibe, wie du den Mittelpunkt gefunden hast.

4.2 Kreismuster

Das Wort Mandala kommt ursprünglich aus dem Sanskrit und bedeutet Kreis.

Kreismuster entstehen aus Kreisen. Bestimmt hast du schon (Kreis-) Mandalas kennen gelernt und ausgemalt oder schon eigene Kreismuster mit dem Zirkel gezeichnet. Vielleicht hast du auch zu Weihnachten einmal versucht, mithilfe eines Kreises einen regelmäßigen Stern zu zeichnen.
Hier trainierst du
- das Zeichnen von Kreisfiguren,
- das Konstruieren von geometrischen Figuren mithilfe von Kreisen.

Lage von Kreisen

Zwei Kreise können sich schneiden, sich in einem Punkt berühren oder keine gemeinsamen Punkte haben.

Beispiele:

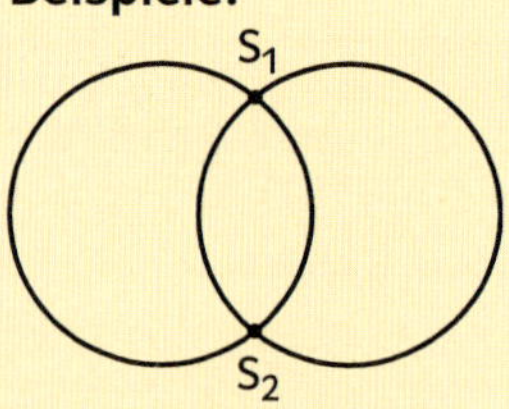

Zwei Kreise haben zwei Schnittpunkte

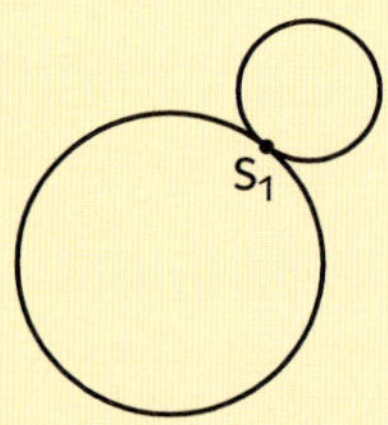

Sie berühren sich in einem Punkt.

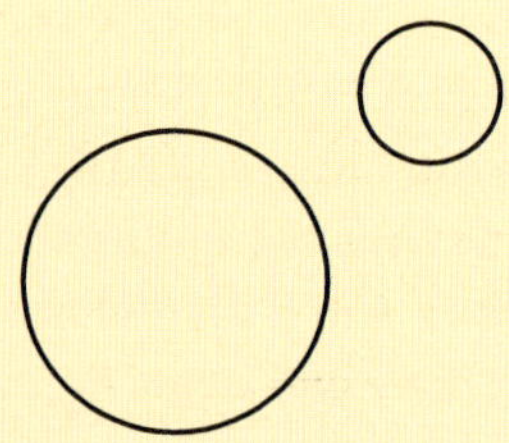

Sie haben keinen gemeinsamen Punkt.

Konstruktionen mit Kreisen

Beispiel:
So konstruierst du aus zwei Kreisen mit gleichem Radius eine Raute:
1. Zeichne zwei Kreise mit gleichem Radius, die sich schneiden.
2. Verbinde die Kreismittelpunkte mit den beiden Schnittpunkten. Die Verbindungsstrecken von den Mittelpunkten und den Schnittpunkten bilden die Diagonalen.

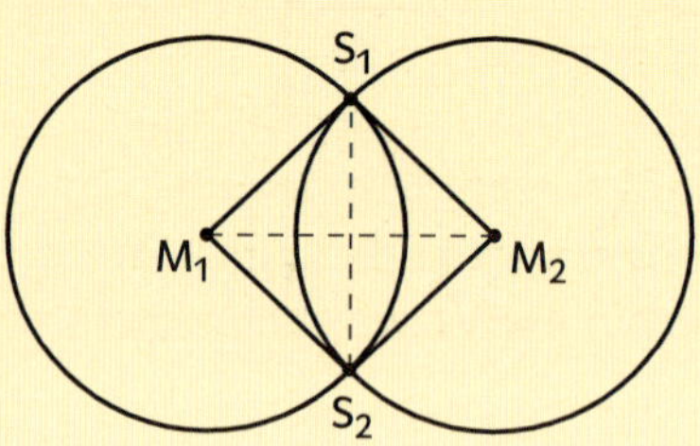

1
Zeichne die folgenden Mandalas in dein Heft und male sie farbig an.

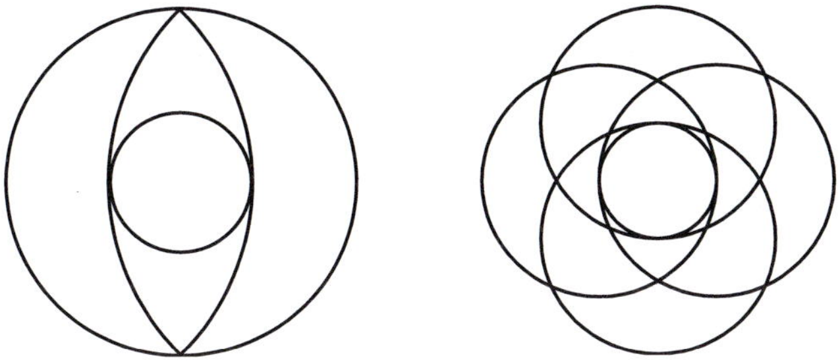

2
a) Konstruiere ein regelmäßiges Sechseck mit der Seitenlänge 4 cm. Zeichne dazu diese Kreisfigur und verbinde je zwei benachbarte Schnittpunkte miteinander.
b) Konstruiere die Figur nochmals und zeichne die Diagonalen ein. Welche Figur erhältst du dann?

3
Zeichne die folgenden Kreismuster im Quadrat. Überlege, wo du den Zirkel einstechen musst.

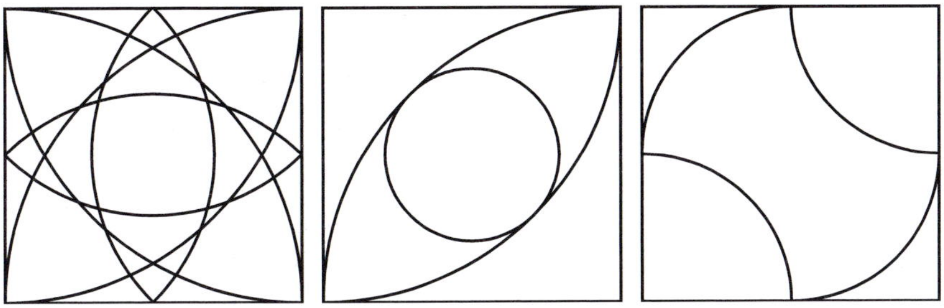

4
Zeichne die beiden Tangrams Herz und Ei auf eine Pappe und schneide sie aus. Wenn du die Tangrams exakt gezeichnet hast, kannst du damit viele andere Figuren legen.

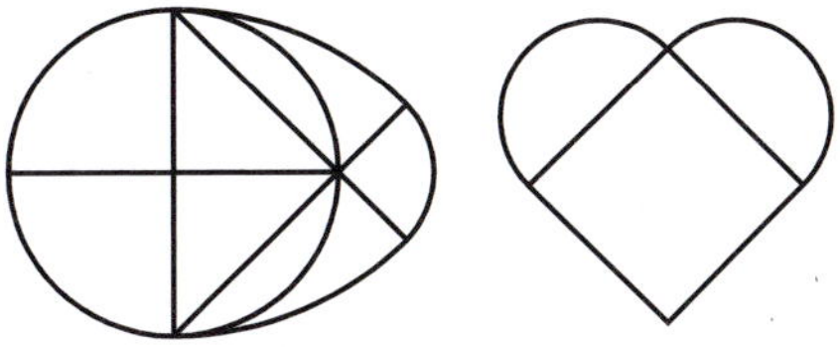

4.3 Winkel

Im Alltag sind Kenntnisse über Winkel unerlässlich. Ohne rechte Winkel hättest du z. B. zu Hause schiefe Wände. Es gibt aber noch weitere Winkelarten.
Deshalb übst du in diesem Abschnitt Winkel zu beschreiben und in Typen einzuteilen.

Was ist ein Winkel?

Merke
Eine Halbgerade hat einen Anfangspunkt, aber keinen Endpunkt.

Ein Winkel ist festgelegt durch einen **Scheitel (Scheitelpunkt) S** und zwei **Halbgeraden g und h.** Die beiden Halbgeraden g und h heißen **Schenkel.**
Durch den Scheitel und die beiden Schenkel werden **zwei** Winkel vorgegeben. Durch einen Kreisbogen kennzeichnest du, welcher Winkel gemeint ist.

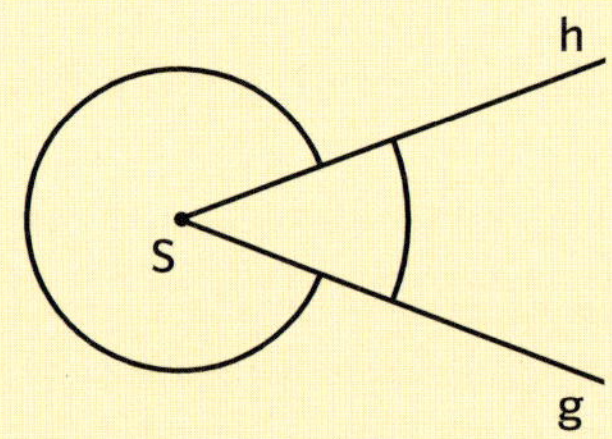

Du kannst Winkel auf verschiedene Arten bezeichnen

Merke
α – „Alpha“
β – „Beta“
γ – „Gamma“
δ – „Delta“
ε – „Epsilon“

1. mit kleinen griechischen Buchstaben
   sprich: der Winkel α

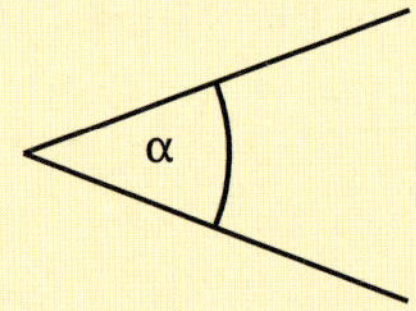

2. durch die beiden Schenkel
   sprich: der Winkel zwischen g und h

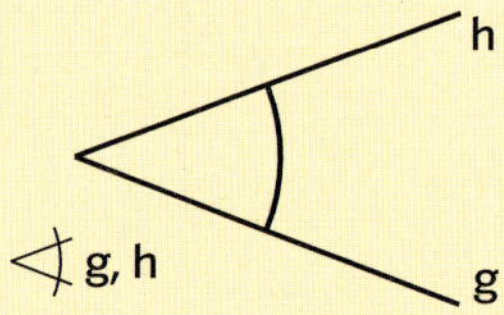

Beachte
Der Scheitelpunkt steht immer in der Mitte.

3. durch den Scheitelpunkt und jeweils einen Punkt auf jedem Schenkel
   sprich: der Winkel PSQ

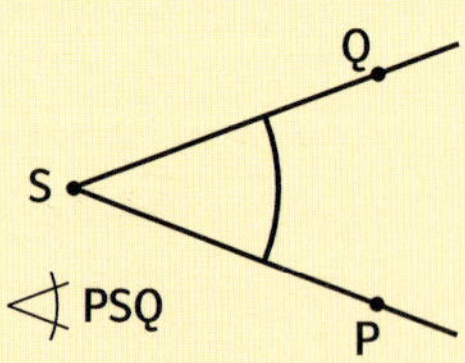

1

Übertrage die Figuren in dein Heft.

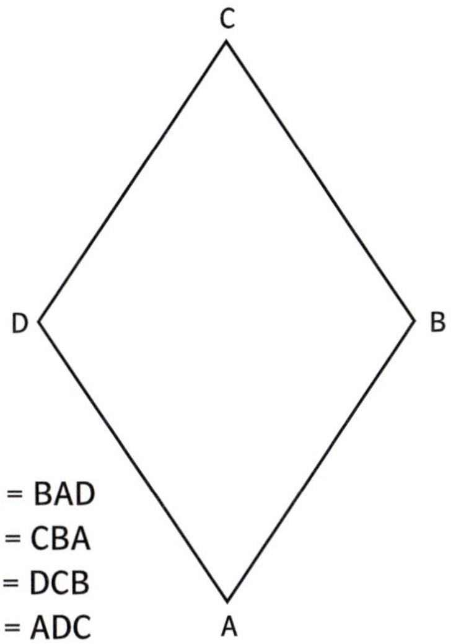

α = BAD
β = CBA
γ = DCB
δ = ADC

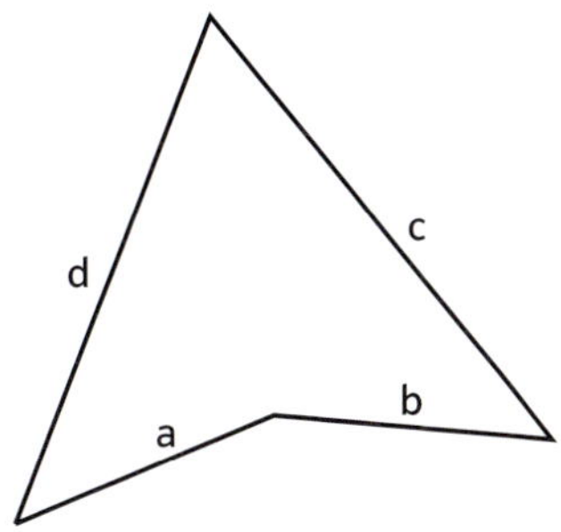

α = ∢a,d; β = ∢b,a
γ = ∢c,b; δ = ∢d,c

a) Um welche Figuren handelt es sich?
b) Bezeichne die Winkel mit dem richtigen griechischen Buchstaben.

2

Bei einer Waage mit Zeigerdarstellung überstreicht der Zeiger für jedes Gewicht einen bestimmten Winkel.

a) Welches Gewicht gehört zu den dargestellten Winkeln?

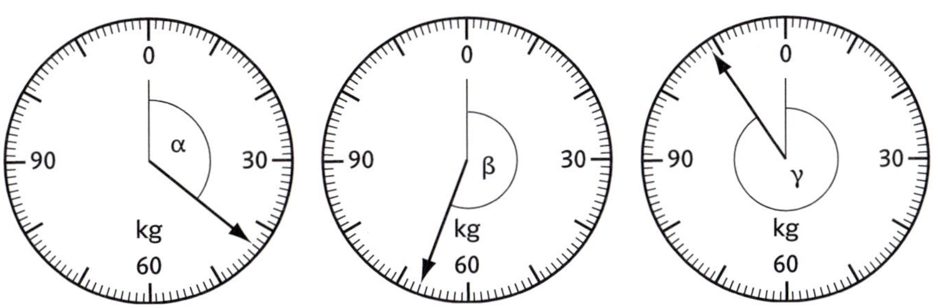

b) Zeichne eine Waage mit Zeigerdarstellung und markiere jeweils den Winkel für 35 kg, 54 kg, 69 kg, 100 kg und 120 kg.

4.4 Winkelarten

Die Einteilung von Winkeln in Winkelarten hilft dir, Winkel zu vergleichen. Deshalb wiederholst du in diesem Abschnitt

- Winkel in verschiedene Typen einzuteilen,
- Winkel mithilfe der Winkelarten zu vergleichen.

Diese Winkelarten musst du kennen

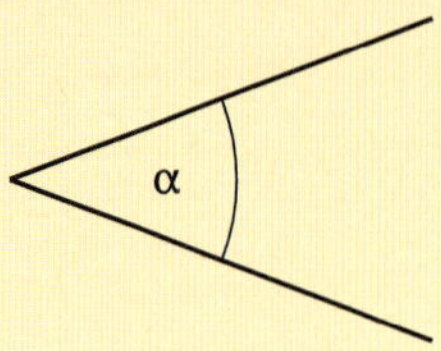

spitzer Winkel

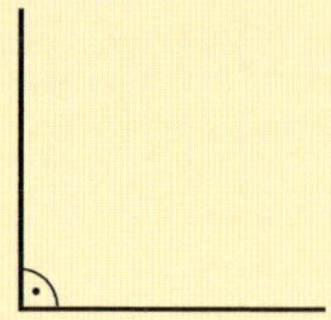

rechter Winkel

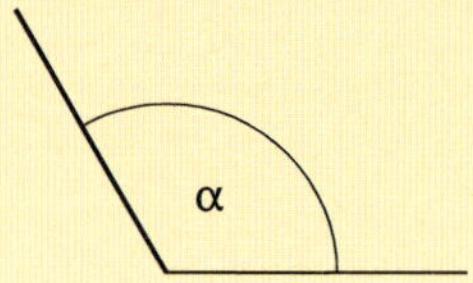

stumpfer Winkel

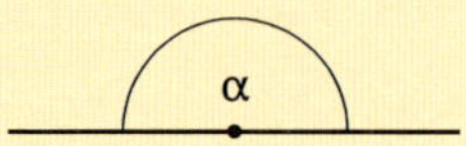

gestreckter Winkel

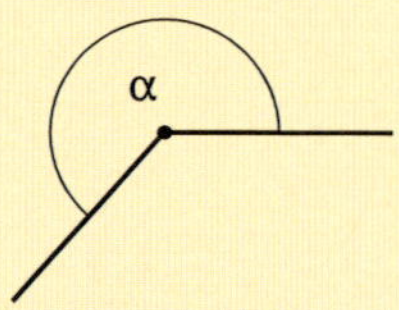

überstumpfer Winkel

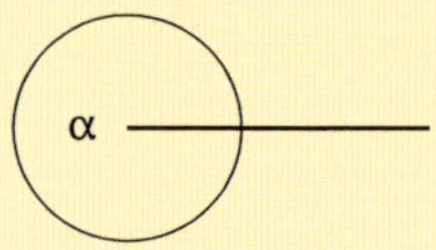

Vollwinkel

Beispiele für typische Aufgaben:
Gib an, um welche Winkelarten es sich handelt und ordne die Winkel nach ihrer Größe.

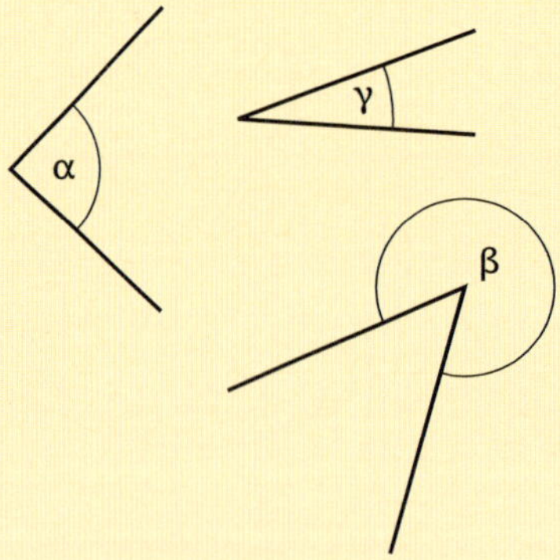

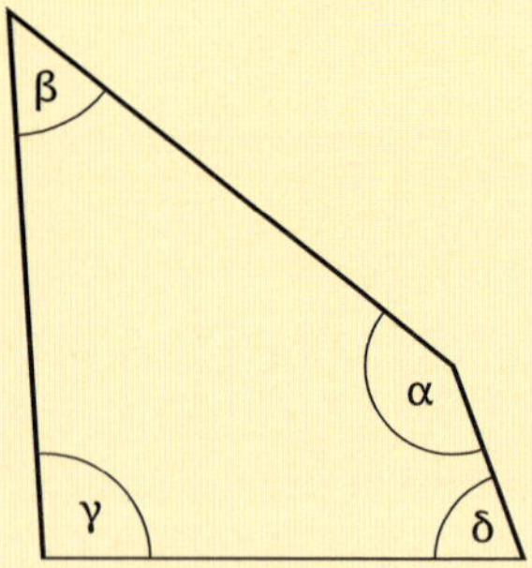

α: rechter Winkel
β: überstumpfer Winkel
γ: spitzer Winkel

Es gilt also $\gamma < \alpha < \beta$

α: stumpfer Winkel
β: spitzer Winkel
γ: Stumpfer Winkel
δ: spitzer Winkel
Es gilt also $\beta < \delta < \gamma < \alpha$

1

Bezeichne die Winkel mit dem richtigen griechischen Buchstaben und gib an, um welche Figur und um welche Winkelart es sich jeweils handelt.

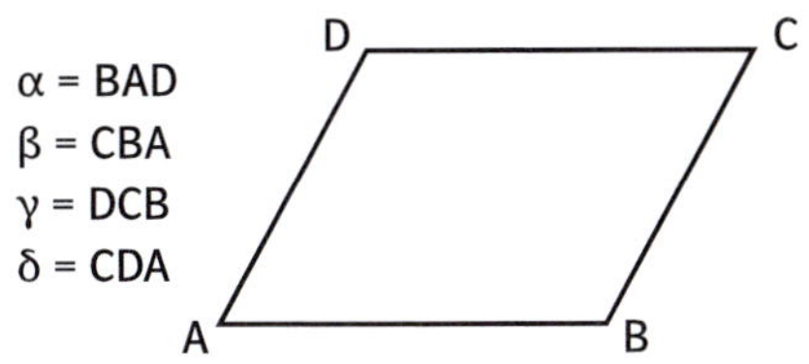

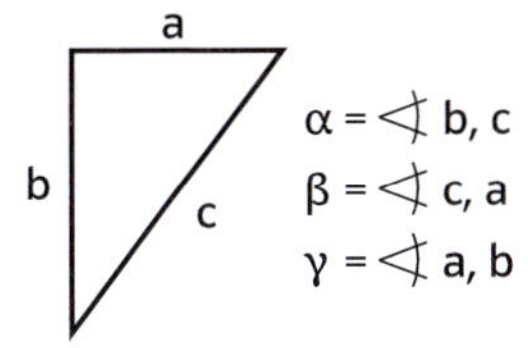

2

Gib an, um welche Winkelart es sich handelt und ordne die Winkel nach der Größe.

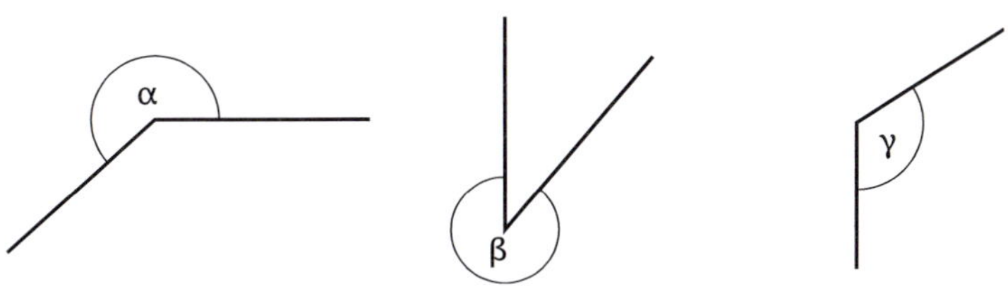

3

①

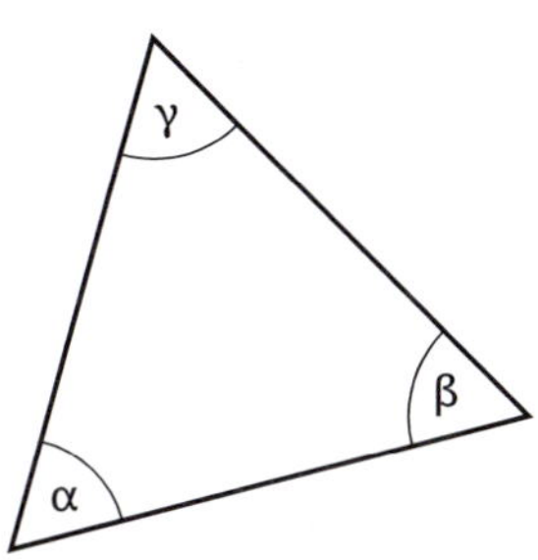

②

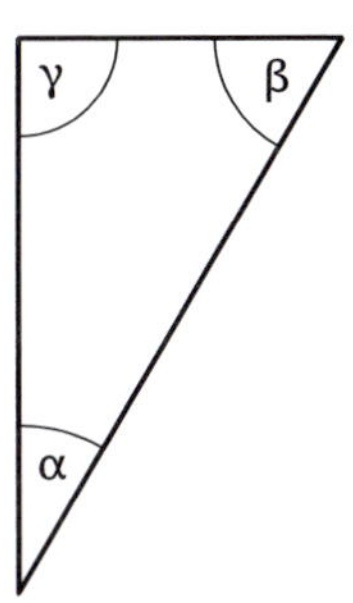

③

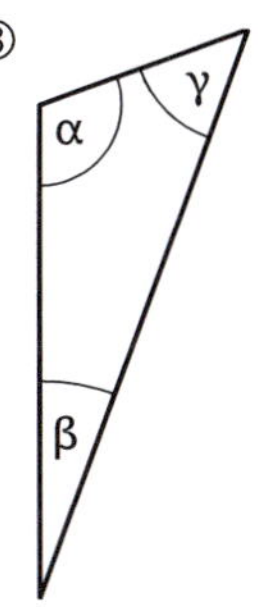

a) Gib für jedes Dreieck an, um welche Winkelart es sich handelt und ordne die Winkel nach der Größe.
b) Vervollständige den Satz:
Ein Dreieck besteht entweder aus drei ______________________ Winkeln oder aus zwei ______________________ Winkeln und einem ______________________ Winkel oder einem ______________________ Winkel.

4.5 Winkel schätzen und messen

In vielen Bereichen reicht eine Einteilung in Winkelarten nicht mehr aus. Zum Beispiel in der Architektur, in der Landvermessung oder bei der Konstruktion geometrischer Figuren müssen Winkel ganz genau gemessen werden.
Deshalb wiederholst du im folgenden Abschnitt
- die Maßeinheit für Winkel,
- das genaue Messen von Winkeln.

So gibst du die Größe eines Winkels an

Die Größe eines Winkels wird in **Grad** angegeben.
Einen Winkel von 1 Grad (**1°**) erhältst du, wenn du einen Kreis (Vollwinkel) in 360 gleich große Kreisausschnitte teilst.
Genau diese Einteilung findest du auf deinem Geodreieck wieder.
Merke: Der rechte Winkel hat 90° und der gestreckte Winkel 180°.

Beachte: Ist nichts anderes angegeben, werden Winkel immer **gegen den Uhrzeigersinn** gemessen!

So kannst du Winkel zwischen 0° und 180° messen

1. Möglichkeit

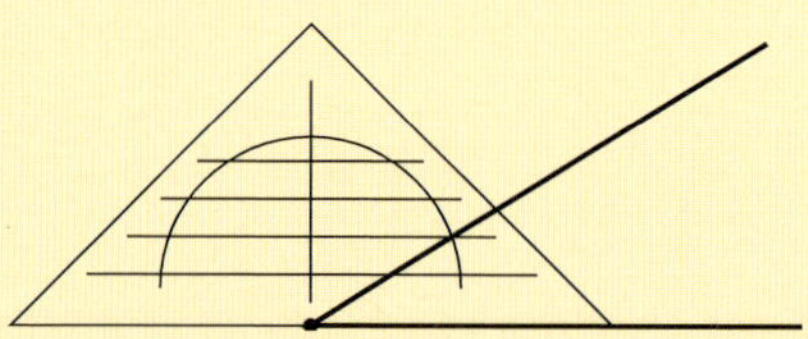

Lege dein Geodreieck von oben mit der Grundseite an den ersten Schenkel an (siehe Bild). Beachte, dass der Nullpunkt genau auf dem Scheitelpunkt S liegt.
Jetzt kannst du die Winkelgröße direkt ablesen.

Beachte
Dein Geodreieck hat eine Innen- und eine Außenskala. Beginne beim Messen immer bei 0°.

2. Möglichkeit

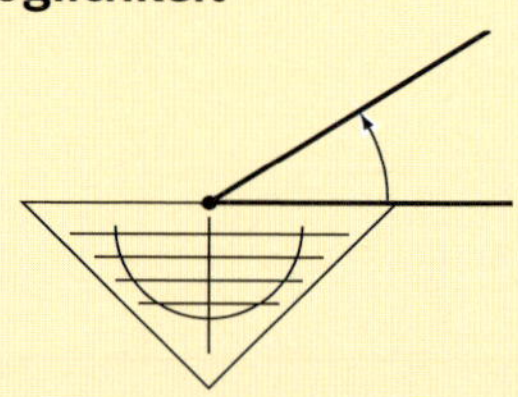

Lege dein Geodreieck von unten mit der Grundseite an den ersten Schenkel an (siehe Bild). Beachte, dass der Nullpunkt genau auf dem Scheitelpunkt S liegt. Drehe nun das Geodreieck so lange, bis die Grundseite den zweiten Schenkel berührt.
Jetzt kannst du die Winkelgröße ablesen.

So kannst du Winkel zwischen 180° und 360° messen

1. Möglichkeit

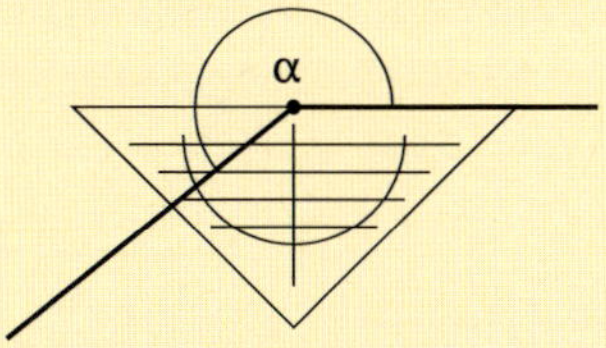

$\alpha = 40° + 180° = 220°$

Lege dein Geodreieck von unten mit der Grundseite an den ersten Schenkel an (siehe Bild). Beachte, dass der Nullpunkt genau auf dem Scheitelpunkt S liegt. Lies die Winkelgröße ab. Zum abgelesenen Wert musst du noch 180° addieren.

2. Möglichkeit

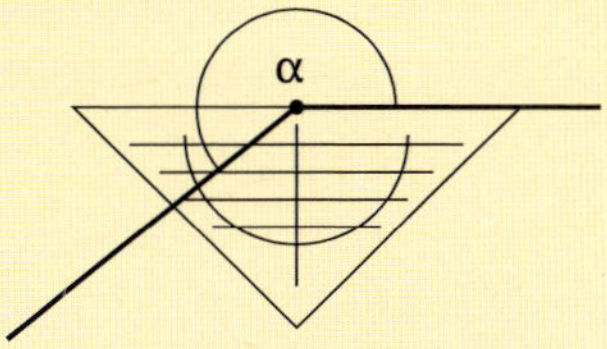

$\alpha = 360° - 140° = 220°$

Du weißt, dass durch zwei Schenkel auch zwei Winkel bestimmt sind. Beide Winkel zusammen sind 360° groß.
Miss also den kleineren Winkel.
Den abgelesenen Wert musst du von 360° subtrahieren.

Beispiel:

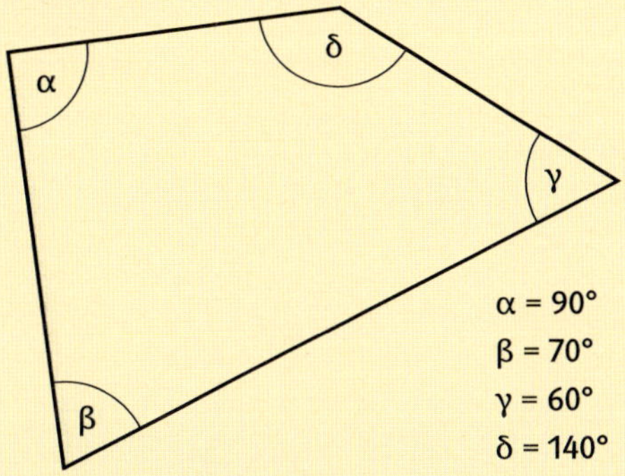

$\alpha = 90°$
$\beta = 70°$
$\gamma = 60°$
$\delta = 140°$

Miss die Innenwinkel des Vierecks.

Lösungstipps:
1. Teile zuerst die Winkel in Winkelarten ein.
2. Sind die Schenkel des Winkels zum Messen zu kurz, verlängere sie mit deinem Geodreieck.

1

Ordne jeder Winkelart die entsprechenden Winkelgrößen zu und fülle die Tabelle aus.

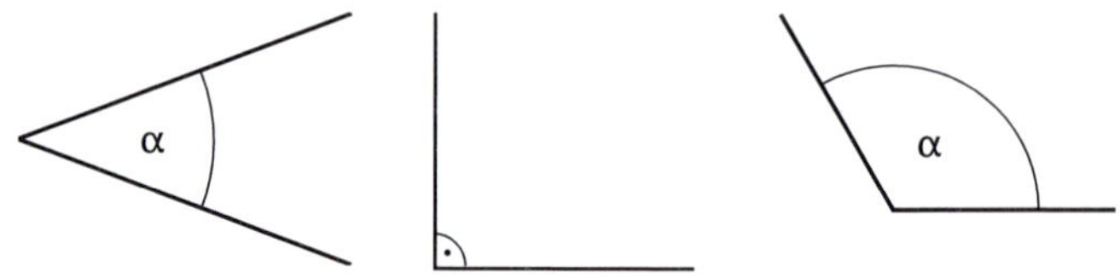

Winkelgröße			
Winkelart	spitz	rechter Winkel	

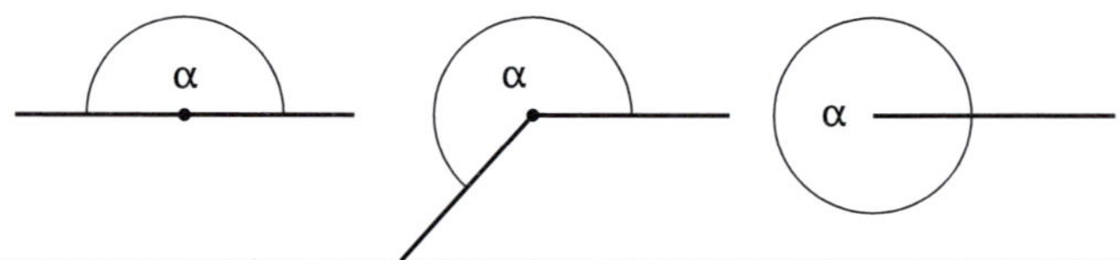

Winkelgröße	$\alpha = 180°$	$180° < \alpha < 360°$	
Winkelart			Vollwinkel

2

Miss die angegebenen Winkel in der Figur.

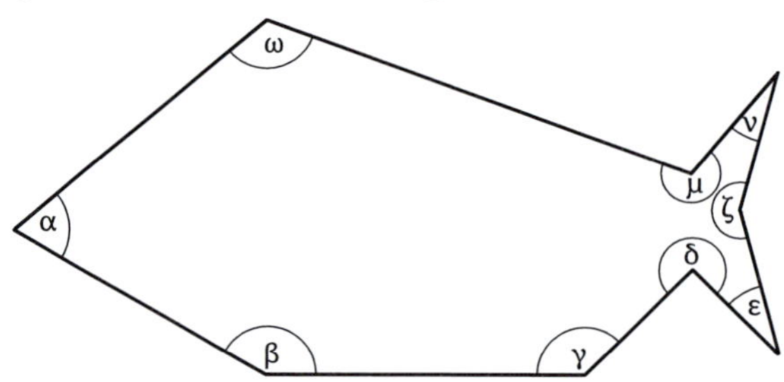

3

Schätze zuerst die Winkelgrößen und miss anschließend mit dem Geodreieck nach. Wenn dein Schätzwert um nicht mehr als 10° abweicht, kannst du sehr zufrieden sein.

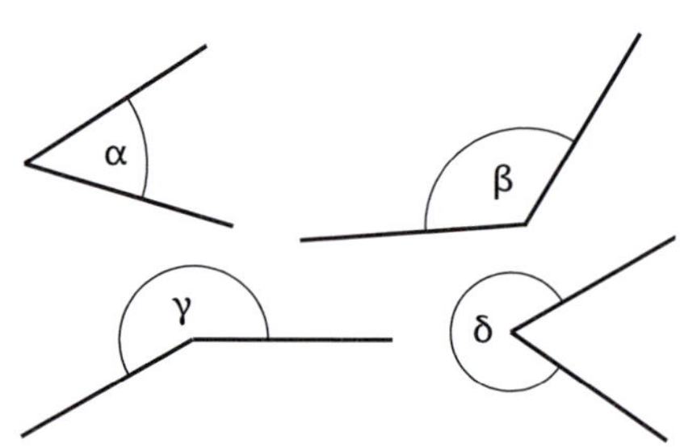

4

Auch beim Fußball spielen Winkel eine große Rolle – nämlich beim Torschuss. Von Reportern kannst du häufig Kommentare hören wie „der Stürmer hat aus spitzem Winkel das Tor getroffen“ oder „der Torwart hat den Winkel so verkürzt, dass der Schuss daneben ging“.

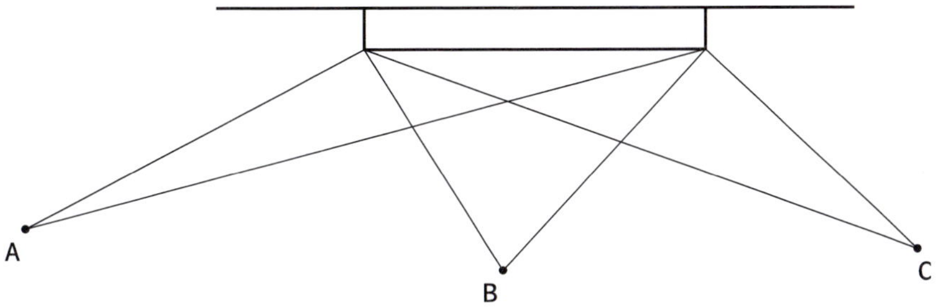

a) Welcher der drei Spieler hat den größten Einschusswinkel?
b) Erkläre den Kommentar „Der Torwart hat durch sein Herauslaufen den Schusswinkel verkürzt“.

5

In diesem Kreisdiagramm ist die Zusammensetzung von Luft dargestellt.
a) Miss die Winkelweiten der einzelnen Bestandteile.
b) Berechne den ungefähren Anteil der einzelnen Bestandteile.

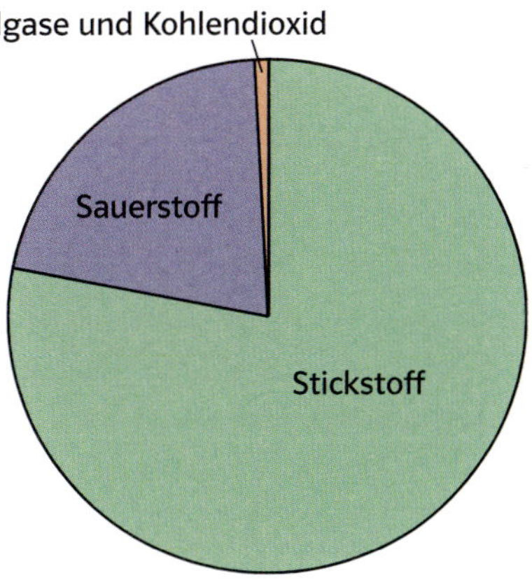

6

Verkehrsschilder zeigen die Steigung von Straßen an. Miss jeweils den zugehörigen Steigungswinkel α.

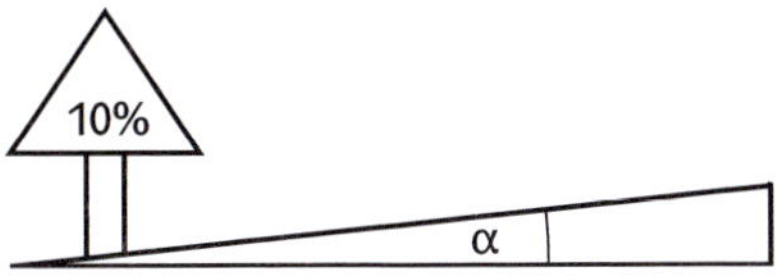

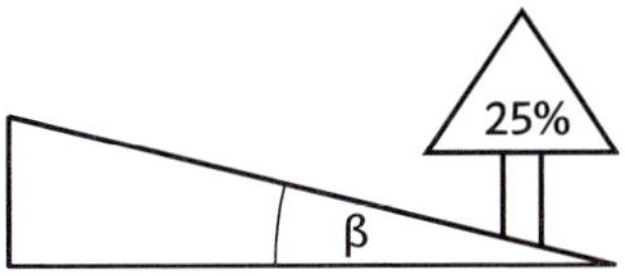

4.6 Winkel zeichnen

Durch das Messen hast du schon Erfahrungen im Umgang mit Winkeln gewinnen können. Jetzt ist das Zeichnen an der Reihe, bei dem du besonders sorgfältig vorgehen musst.
Deshalb trainierst du in diesem Abschnitt
- verschiedene Winkelgrößen zu zeichnen,
- beim Zeichnen auf Genauigkeit zu achten.

So kannst du Winkel zwischen 0° und 180° zeichnen

1. Möglichkeit

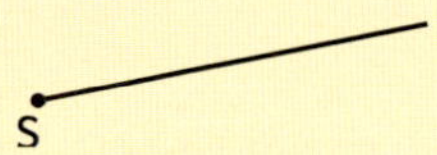

1. Zeichne einen Schenkel und markiere den Scheitelpunkt S.

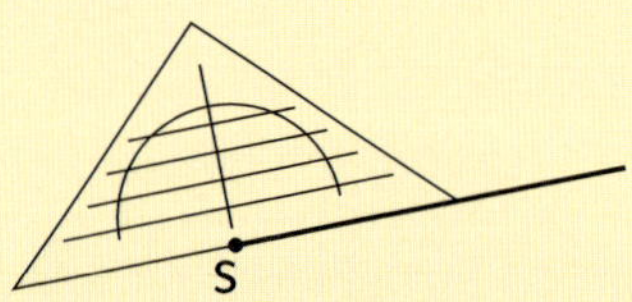

2. Lege dein Geodreieck von oben mit der Grundseite an den Schenkel an. Beachte, dass der Nullpunkt genau auf dem Scheitelpunkt S liegt.

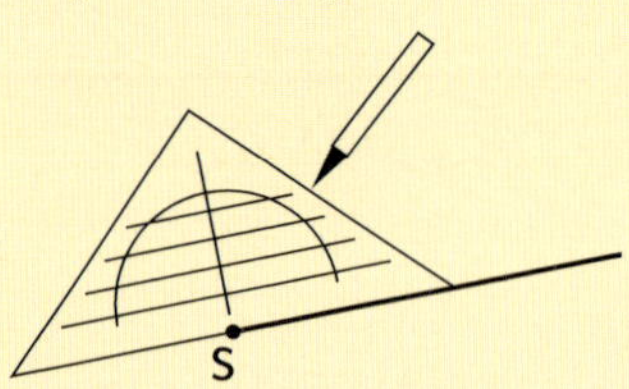

3. Beginne rechts bei 0° und markiere die gewünschte Winkelgröße mit dem Bleistift.
4. Verbinde die Bleistiftmarkierung mit dem Scheitelpunkt.

2. Möglichkeit

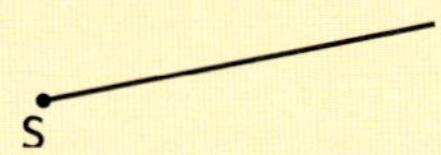

1. Zeichne einen Schenkel und markiere den Scheitelpunkt S.
2. Lege dein Geodreieck von unten mit der Grundseite an den Schenkel an. Beachte, dass der Nullpunkt genau auf dem Scheitelpunkt S liegt.

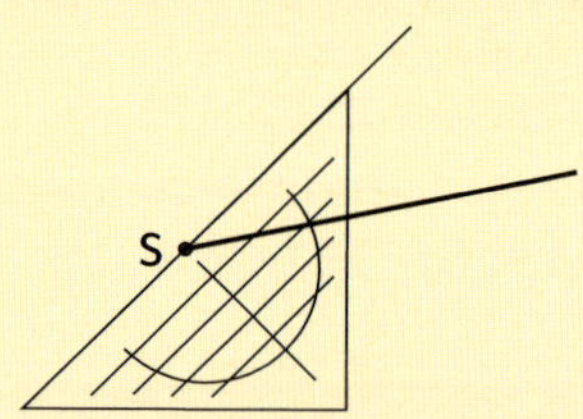

3. Drehe nun das Geodreieck gegen den Uhrzeigersinn so lange, bis du die gewünschte Winkelgröße am ersten Schenkel ablesen kannst.
4. Zeichne den zweiten Schenkel an der Grundseite deines Geodreiecks entlang.

So kannst du Winkel zwischen 180° und 360° zeichnen

1. Möglichkeit

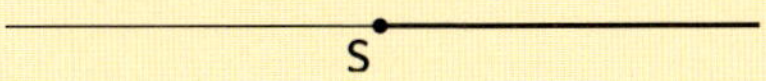

1. Zeichne einen Schenkel und markiere den Scheitelpunkt S.

2. Verlängere diesen Schenkel mit einer Hilfslinie zu einem 180°-Winkel.

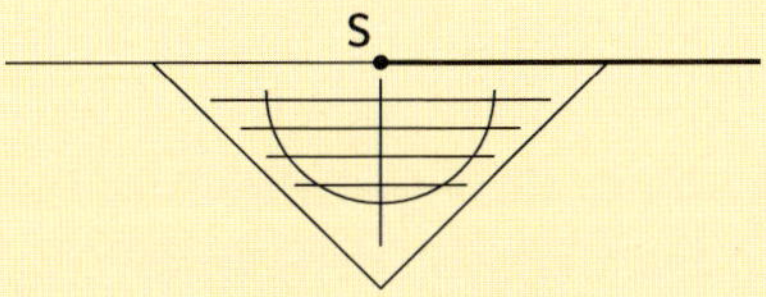

3. Lege dein Geodreieck von unten mit der Grundseite an den Schenkel an (siehe Bild). Beachte, dass der Nullpunkt genau auf dem Scheitelpunkt S liegt.

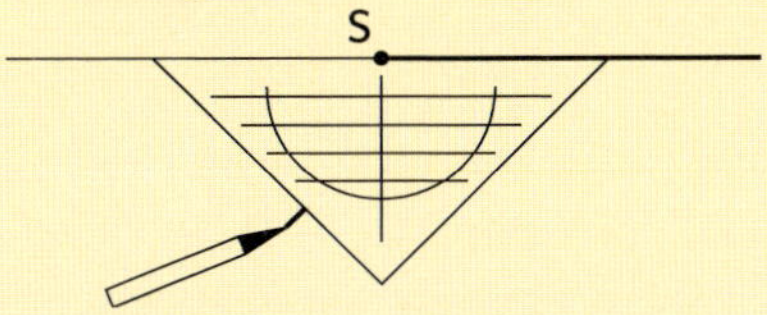

4. Beginne links bei 0° und trage die noch fehlende Winkelgröße mit dem Bleistift ab.
5. Verbinde die Bleistiftmarkierung mit dem Scheitelpunkt.

2. Möglichkeit

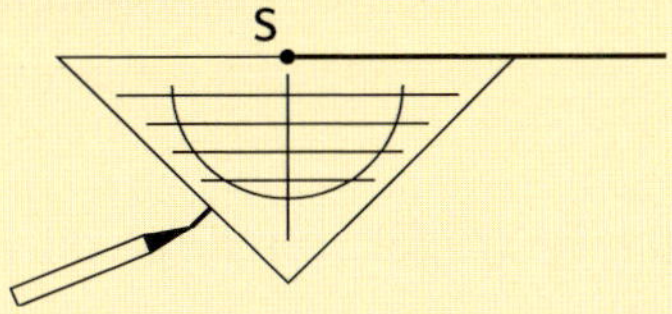

1. Subtrahiere zuerst die Winkelgröße von 360° und zeichne nun diesen Winkel, der kleiner als 180° ist, nach einer der beiden Möglichkeiten.
2. Markiere nun die ursprünglich gewünschte Winkelgröße. Beginne dazu mit dem zweiten Schenkel.

1

Zeichne einen beliebigen spitzen, stumpfen und überstumpfen Winkel und miss die zugehörigen Winkelweiten.

2

Zeichne die Winkel. Überlege dir vorher, um was für einen Winkel es sich handelt.

a) $\alpha = 36°$ b) $\alpha = 76°$ c) $\alpha = 122°$ d) $\alpha = 285°$
e) $\alpha = 5°$ f) $\alpha = 328°$ g) $\alpha = 81°$ h) $\alpha = 45°$

3

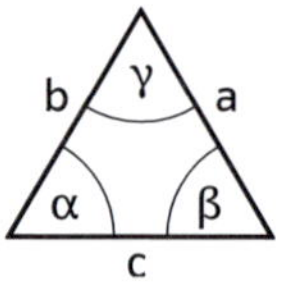

Konstruiere jeweils ein Dreieck mit den angegebenen Winkeln und der Seitenlänge c. Miss auch den fehlenden Winkel γ. Was fällt dir auf?

a) $\alpha = 45°$, c = 5 cm, $\beta = 45°$ b) $\alpha = 20°$, c = 5 cm, $\beta = 100°$
c) $\alpha = 60°$, c = 3,3 cm, $\beta = 60°$

4

Mit welchem Winkel vom Abschlag muss der Golfball getroffen werden, dass er ins Loch rollt? Schätze zuerst und zeichne dann den Winkel ein. Miss die Winkel mit dem Geodreieck.

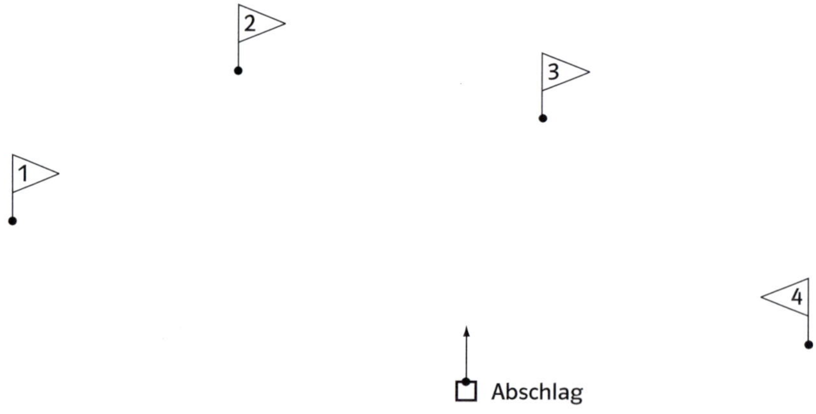

5

Zeichne ein Kreisdiagramm mit Durchmesser 6 cm und folgenden Winkeln
a) $\alpha = 115°, \beta = 24°, \gamma = 78°, \delta = 61°$ b) $\alpha = 36°, \beta = 205°, \gamma = 48°, \delta = 21°$.
Wie groß ist der restliche Winkel ε?

6

Zeichne in ein Koordinatensystem mit Längeneinheit 1 cm die angegebenen Punkte S und A und verbinde sie. Zeichne nun in S beginnend gegen den Uhrzeigersinn den Winkel α.

a) S(3 | 4), A(2 | 1), $\alpha = 125°$ b) S(5 | 0), A(2 | 4), $\alpha = 63°$.

__Tipp__
Drehe dein Blatt so, dass der Schenkel SA waagrecht zur Tischkante ist.

7

Eine Steigung von 10 % bedeutet, dass die Straße auf 100 m um 10 m ansteigt.

a) Zeichne eine maßstäbliche Darstellung der Steigung der Straße auf den Mont Ventoux (Südfrankreich) und miss den zugehörigen Steigungswinkel.

b) Die Straße nach Alpe d'Huez hat ein steilstes Stück von 8 %. Wie groß ist der zugehörige Steigungswinkel?

__Zur Erinnerung__
$1\,\% = \frac{1}{100}$, $10\,\% = \frac{10}{100} = \frac{1}{10}$

4.7 Winkelbeziehungen

Wenn du dich intensiver mit Winkeln beschäftigst, kannst du interessante Entdeckungen machen, die dir den Umgang mit Winkel erheblich erleichtern.

In diesem Teilkapitel trainierst du

- Neben- und Scheitelwinkel zu erkennen und zu berechnen,
- Aussagen über Winkel zu machen, die keinen gemeinsamen Schnittpunkt haben.

Wie verhalten sich Winkel an zwei sich schneidenden Geraden?

Schneiden sich zwei Geraden, so heißen die einander gegenüberliegenden Winkel **Scheitelwinkel**.

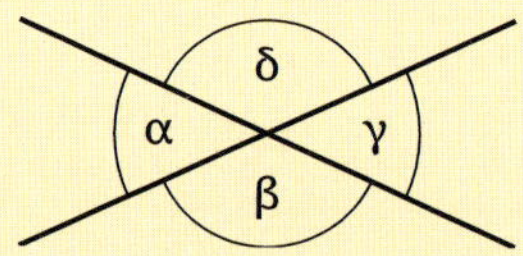

Es gilt: Scheitelwinkel sind gleich groß.

α und γ sowie β und δ sind Scheitelwinkel und es gilt:
$\alpha = \gamma$ und $\beta = \delta$

Nebeneinander liegende Winkel heißen **Nebenwinkel** und es gilt:
Die Summe zweier Nebenwinkel ist 180°.

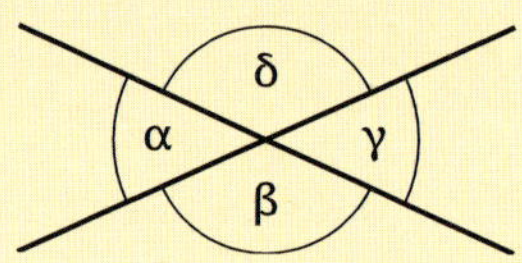

α und β sowie γ und δ sind Nebenwinkel und es gilt:
$\alpha + \beta = 180°$ und $\gamma + \delta = 180°$

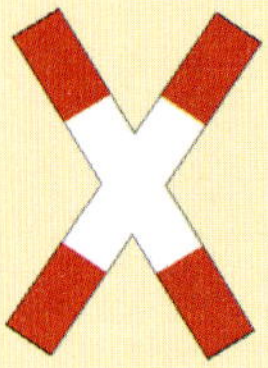

Beispiel:
Gegeben sind zwei sich schneidende Geraden. Berechne die fehlenden Winkel.

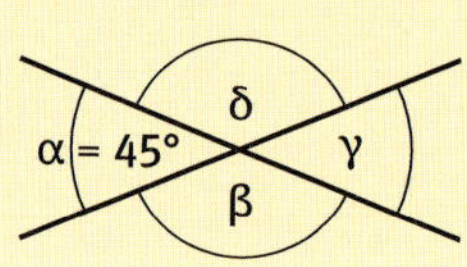

α und γ sind Scheitelwinkel, also ist $\gamma = \alpha = 45°$.
α und β sind Nebenwinkel, also ist $\beta = 180° - 45° = 135°$. Da β und δ ebenfalls Scheitelwinkel sind, ist $\delta = \beta = 135°$.

1

Berechne die fehlenden Winkel.

a)

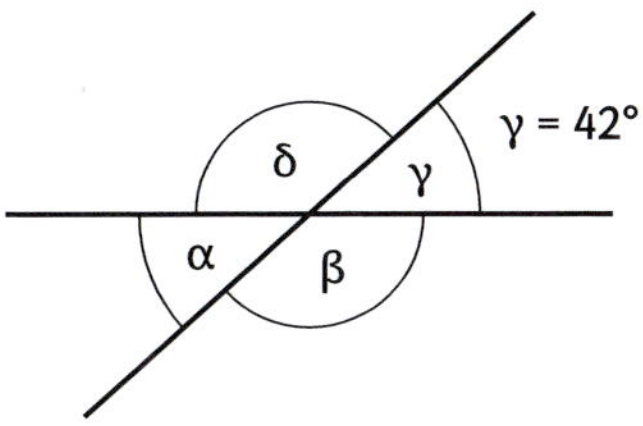

b)

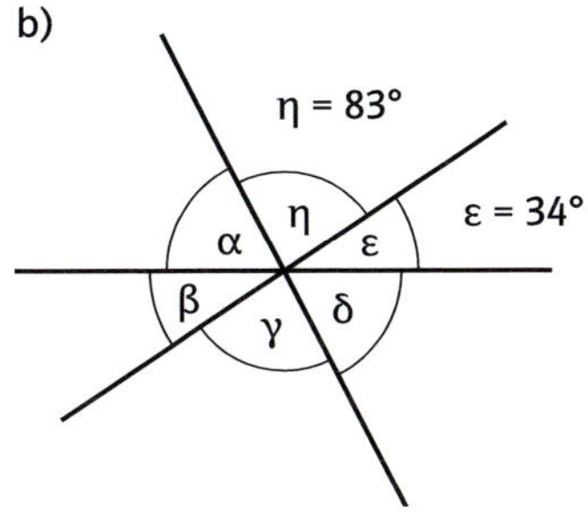

2

Zeichne zwei Geraden, die sich unter dem Winkel $\alpha = 133°$ schneiden. Markiere die fehlenden Winkel und berechne sie.

3

α und β seien Nebenwinkel.

a) Berechne β für $\alpha = 18°, 55°, 90°, 116°, 163°$.

b) Wie groß ist der Scheitelwinkel von β, wenn $\alpha = 48°$ ist?

4

Stimmen die folgenden Sätze? Begründe.

a) Wenn an zwei sich schneidenden Geraden ein Winkel ein rechter ist, dann sind alle Winkel rechte Winkel.

b) Es gibt Nebenwinkel, die nur spitzwinklig sind.

Was kann man über Winkel an geschnittenen Parallelen aussagen?

Schneidet eine Gerade zwei Parallelen, so entstehen acht Winkel. Dabei entstehen interessante Beziehungen zwischen Winkelpaaren, die keinen gemeinsamen Scheitelpunkt haben.

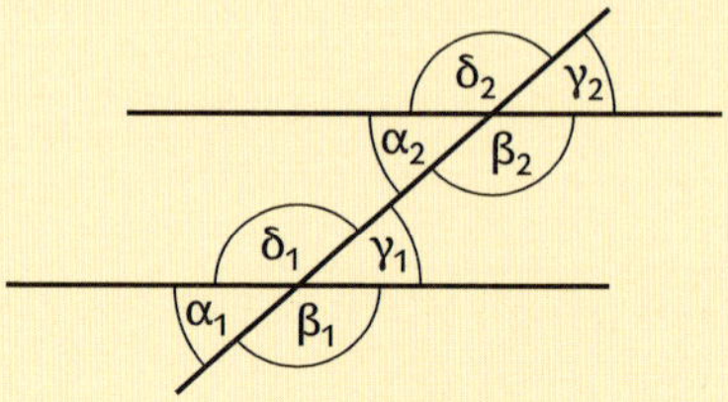

__Stufenwinkel__ liegen auf derselben Seite der schneidenden Geraden.

Es gilt:
Stufenwinkel sind gleich groß.

Es gilt: $\alpha_1 = \alpha_2$, $\beta_1 = \beta_2$, $\gamma_1 = \gamma_2$ und $\delta_1 = \delta_2$.

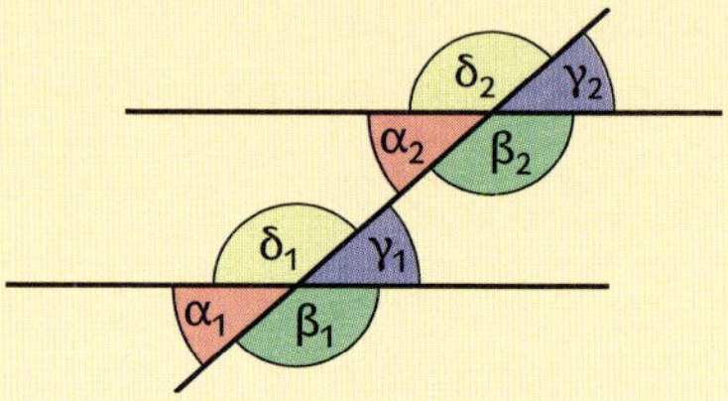

__Wechselwinkel__ liegen auf verschiedenen Seiten der schneidenden Geraden.

Es gilt:
Wechselwinkel sind gleich groß.

Es gilt: $\alpha_1 = \gamma_2$, $\beta_1 = \delta_2$, $\gamma_1 = \alpha_2$ und $\delta_1 = \beta_2$.

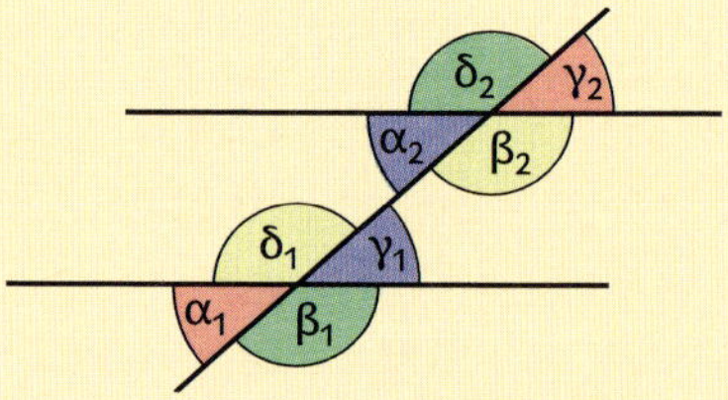

Beispiel für eine typische Aufgabenstellung:
Gegeben sind zwei Parallelen und eine Gerade, die die Parallelen schneidet. Berechne die fehlenden Winkel.

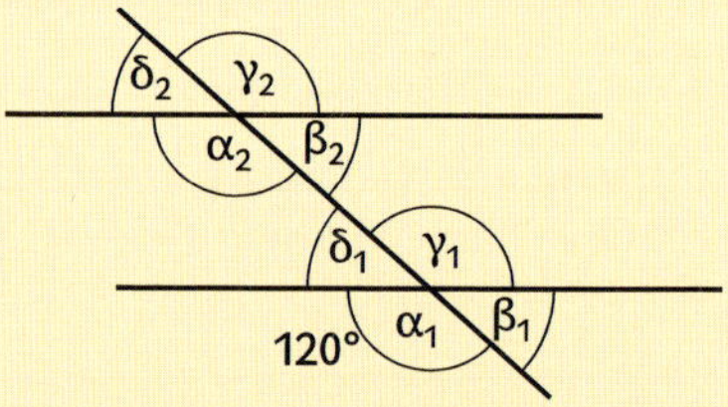

$\alpha_1 = \alpha_2 = \gamma_1 = \gamma_2 = 120°$
$\beta_1 = \delta_1 = \beta_2 = \delta_2 = 180° - 120° = 60°$

5

Die Geraden g und h sind parallel.
Es ist
a) $\alpha_2 = 58°$
b) $\beta_1 = 117°$
c) $\delta_2 = 150°$
Berechne die fehlenden Winkel.

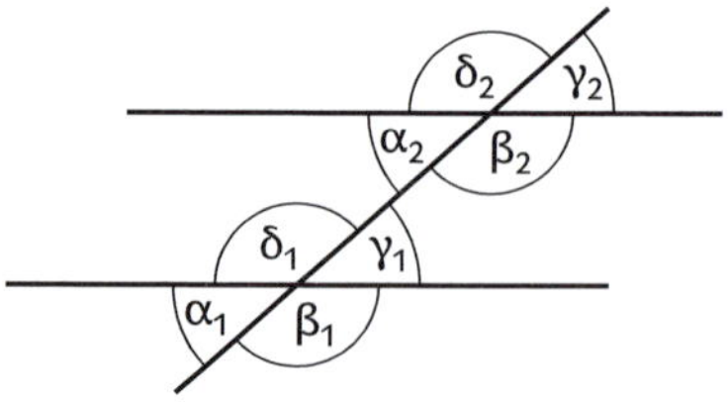

6

Zeichne zwei parallele Geraden im Abstand von 3 cm und eine Gerade so, dass gilt:

a) $\alpha_1 = 64°$ b) $\beta_2 = 147°$ c) $\delta_1 = 123°$.

7

Zeichne nebenstehende Figur mit dem Winkel β und einem Abstand von 3 cm ab.
Markiere gleich große Winkel und berechne ihre Größe.

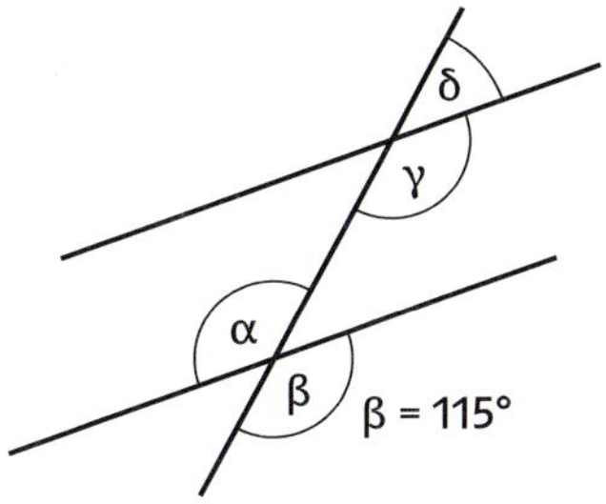

8

Gegeben ist ein Parallelogramm ABCD und die Diagonale $\overline{AC}$.

a) Welche Winkel sind gleich groß? Begründe.

b) Zeichne das Parallelogramm mit $\overline{AB} = 4$ cm, ∢ BAD = 80° und $\overline{BC} = 3$ cm. Füge die Diagonale $\overline{AC}$ ein. Miss α_1 und berechne die übrigen Winkel.

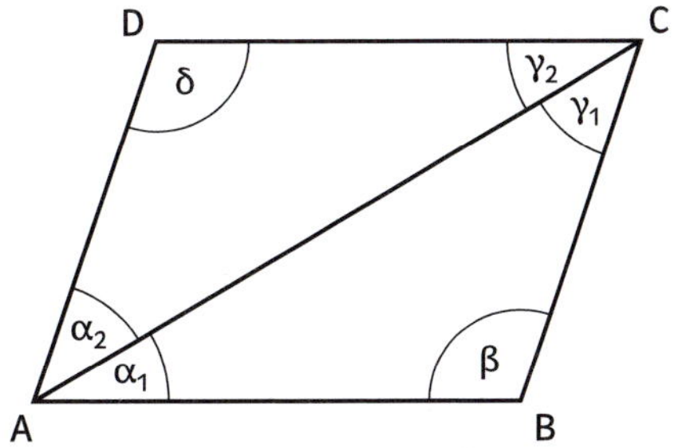

1

Markiere in der Figur genau einen spitzen Winkel mit α und genau einen stumpfen Winkel mit β und miss die zugehörigen Winkelweiten.

Punkte: max. 4

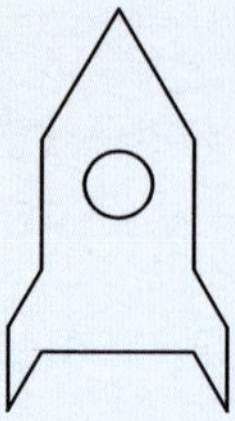

2

Trage die Punkte A (2 | 4), B (6 | 1), C (10 | 4) und D (6 | 7) in ein Koordinatensystem (LE = 1 cm) ein und verbinde sie in alphabetischer Reihenfolge.

a) Um welches Viereck handelt es sich?

b) Markiere die Winkel $\alpha = \sphericalangle BAD$ und $\delta = \sphericalangle ADC$ und miss die zugehörigen Winkelgrößen.

Punkte: max. 4

3

Zeichne einen Kreis in ein Koordinatensystem (LE = 1 cm) um M (4 | 3) mit Durchmesser d = 6 cm. Welche ganzzahligen Gitterpunkte liegen auf dem Kreis?

Punkte: max. 4

4

Zeichne ein Kreisdiagramm (Radius r = 3 cm) mit den Winkeln 75°, 38°, 192° und 13°. Welchen Winkel hat der letzte Ausschnitt?

Punkte: max. 4

5

Lena hat ein Mandala gezeichnet.

a) Markiere die Punkte, an denen der Zirkel eingestochen wurde.

b) Wie viele verschiedene Radien werden für dieses Mandala benötigt?

Punkte: max. 4

6

Wie groß sind die fehlenden Winkel? Begründe.

a)

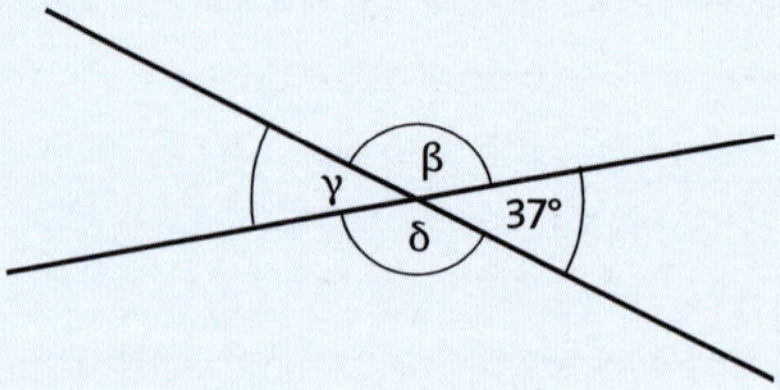

b)

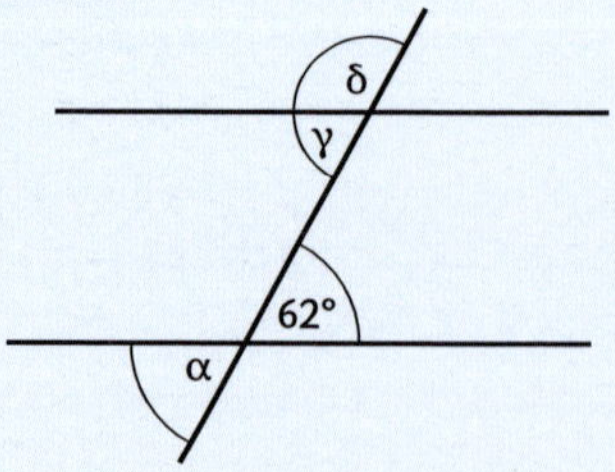

Punkte: max. 4

Gesamtpunkte: max. 24

Aufgaben Nummer	erreichte Punktzahl von (...)	Lernerfolg	Lerneinheit abhaken ✓
1	_____ (4)	Wenn du volle Punktzahl hast, ist das ein Zeichen dafür, dass du die Winkelarten und das Messen von Winkeln beherrscht.	4.4
2	_____ (4)	Hast du alle Punkte richtig und das Viereck sauber gezeichnet und auch die Winkel richtig gemessen, kannst du das Thema „Winkel messen" endgültig abhaken.	4.5
3	_____ (4)	Hier ist vor allem ein genauer Umgang mit dem Zirkel gefragt. Wenn du exakt gezeichnet hast, dürfte dir die Lösung keine Schwierigkeiten bereitet haben.	4.1
4	_____ (4)	Bei dieser Aufgabe konntest du zeigen, ob du beim Zeichnen von Kreisdiagrammen gut zu Recht kommst.	4.6
5	_____ (4)	Mit dieser Aufgabe kannst du deine Fähigkeiten im Umgang mit Kreisfiguren überprüfen. Wenn du gut abgeschnitten hast, kannst du das Thema „Kreismuster" abhaken.	4.2
6	_____ (4)	Bei diesen Aufgaben kannst du zeigen, ob du die Winkelbeziehungen verstanden hast.	4.7

19–24 Punkte	13–18 Punkte	7–12 Punkte	0–6 Punkte
Prima, du hast dieses Kapitel gut verstanden! Nun kannst du das nächste Kapitel üben.	Das klappt ja schon recht ordentlich! Du kannst vieles recht gut, aber es könnte auch besser sein. Wiederhole die Abschnitte noch einmal, die in deiner Checkliste nicht abgehakt sind.	Einiges hast du schon ganz gut gelöst, insgesamt sind deine Lücken aber noch zu groß. Wiederhole die Abschnitte noch einmal, die in deiner Checkliste nicht abgehakt sind.	Es gibt bei dir noch sehr viele Unsicherheiten. Du musst noch mehr üben! Wiederhole die Abschnitte noch einmal, die in deiner Checkliste nicht abgehakt sind.

5 Daten erfassen, darstellen und interpretieren

5.1 Anteile und Häufigkeiten

Bei Messungen, Umfragen oder statistischen Erhebungen wird meistens eine Tabelle angelegt, in der dann die Ergebnisse (z. B. die Zahl der Stimmen) eingetragen werden. Zur Aufbereitung und Interpretation werden diese Daten jedoch in Prozentzahlen umgewandelt, da sie sich dann besonders gut vergleichen lassen.
In diesem Abschnitt kannst du wiederholen,

- worin der Unterschied zwischen der absoluten und relativen Häufigkeit besteht,
- wie du Daten auswerten kannst.

Was sind absolute und relative Häufigkeiten?

Unter einer **absoluten Häufigkeit** versteht man die **Anzahl** der Ergebnisse/Stimmen einer Messung, Umfrage oder statistischen Erhebung.
Die **relative Häufigkeit** ist der **Anteil** der absoluten Häufigkeit an der Gesamtzahl.
Du kannst sie als Bruch $\frac{\text{absolute Häufigkeit}}{\text{Gesamtzahl}}$ schreiben und in eine Prozentangabe umwandeln.

Beispiel:
Felix nimmt an einer Verkehrszählung teil und fasst die Daten in einer Tabelle zusammen.

Sind keine Mehrfachnennungen zugelassen, so muss die Summe aller Anteile 1 bzw. 100 % ergeben.

Absolute Häufigkeit

Fahrzeugtyp	Anzahl
Auto	73
Lkw	30
Motorrad	17
Insgesamt	120

Relative Häufigkeit

Fahrzeugtyp	Anzahl	Prozent
Auto	$\frac{73}{120}$	≈ 60,8 %
Lkw	$\frac{30}{120}$	25 %
Motorrad	$\frac{17}{120}$	≈ 14,2 %
Insgesamt	$\frac{120}{120}$	100 %

1

Max hat 60 Schülerinnen und Schüler nach ihrer Lieblingssportart befragt und das Ergebnis in einer Tabelle notiert.

Sportart	Fußball	Tischtennis	Basketball	Turnen	Sonstiges
Anzahl	25	12	15	6	2
Anteil					
Prozent					

Berechne die relativen Häufigkeiten.

2

Bei einer Umfrage in der Klasse wurden alle 32 Schülerinnen und Schüler nach ihrem Lieblingshobby gefragt. Doppelnennungen waren nicht möglich. Die Ergebnisse wurden in einer Tabelle aufgeschrieben.

Hobby	Lesen	Computer	Sport	Fernsehen	Sonstiges
Anzahl	6			5	
Anteil		$\frac{3}{8}$			
Prozent			25 %		

Fülle die fehlenden Felder aus.

3

Um die Regeln der Wahrscheinlichkeitsrechnung nachvollziehen zu können, führt Pascal ein Zufallsexperiment durch. Er würfelt mit zwei Würfeln 400mal und notiert sich in einer Tabelle, wie oft die gewürfelte Augensumme aufgetaucht ist.

Summe	2	3	4	5	6	7	8	9	10	11	12
Anzahl	11	25	34	48	62	84	59	39	21	15	2
Anteil											
Prozent											
berechnete Wahrscheinlichkeit											

a) Berechne die Anteile und wandle sie in Prozentangaben um.
b) Berechne, wie groß die rechnerische Wahrscheinlichkeit für die jeweiligen Augensummen ist.

Hier kannst du deinen Taschenrechner verwenden. Runde auf eine Stelle nach dem Komma.

5.2 Diagramme (richtig) lesen

Diagramme veranschaulichen dir meist Größenangaben oder Anteile auf einen Blick. Diagramme können aber auch einen falschen Eindruck vermitteln.

Deshalb sollst du hier üben
- bei Diagrammen genau hinzuschauen,
- Diagramme richtig zu deuten.

Diese wichtigen Diagrammtypen sollst du kennen

1. Diagramme, die Anteile veranschaulichen

Verteilung der Weltbevölkerung im Jahr 2005

Kreisdiagramm

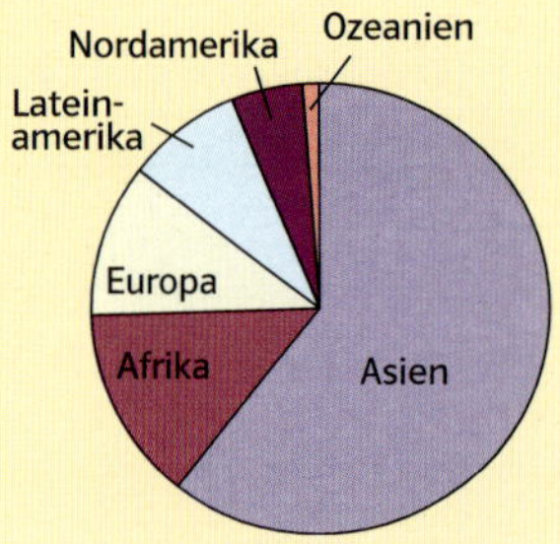

Stabdiagramm

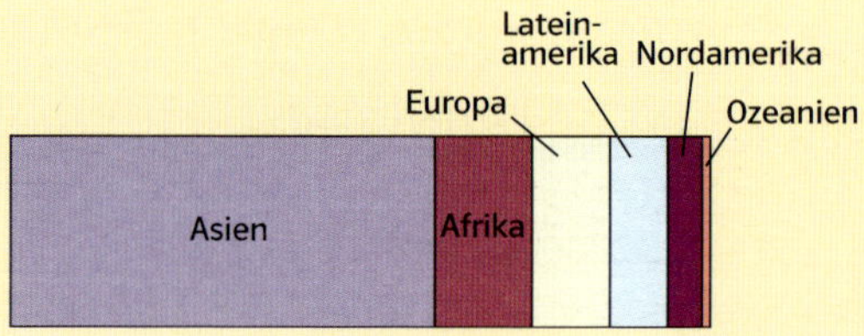

So kannst du das Kreisdiagramm lesen

1. Miss die Winkelweite.	Beispiel Europa: 40°
2. Berechne den Anteil, indem du die Winkelweite durch 360° teilst.	$40° : 360° = \frac{40}{360} = \frac{1}{9} \approx 0{,}111$
3. Wandle diese Dezimalzahl in eine Prozentangabe um.	$0{,}111 = 11{,}1\,\%$

So kannst du das Stabdiagramm lesen

1. Miss die Länge eines Abschnitts.	Beispiel Lateinamerika: 0,4 cm
2. Berechne den Anteil, indem du die Länge des Abschnitts durch die Gesamtlänge des Stabes teilst.	$0{,}4\,\text{cm} : 5\,\text{cm} = 4 : 50 = \frac{4}{50} = 0{,}08$
3. Wandle diese Dezimalzahl in eine Prozentangabe um.	$0{,}08 = 8\,\%$

2. Diagramme, aus denen du Zahlenangaben direkt abgelesen kannst

Säulendiagramm

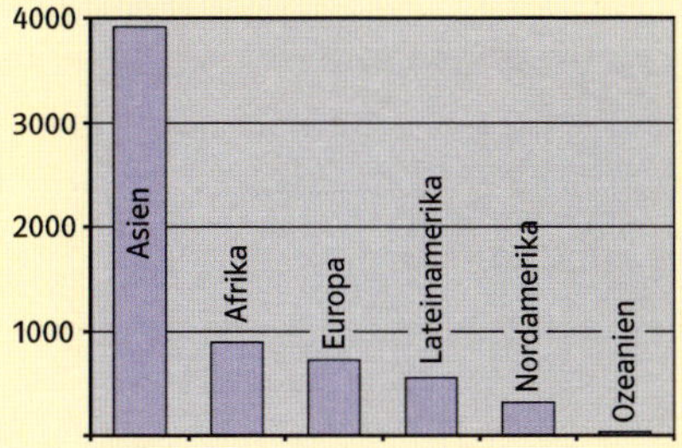

Balkendiagramm

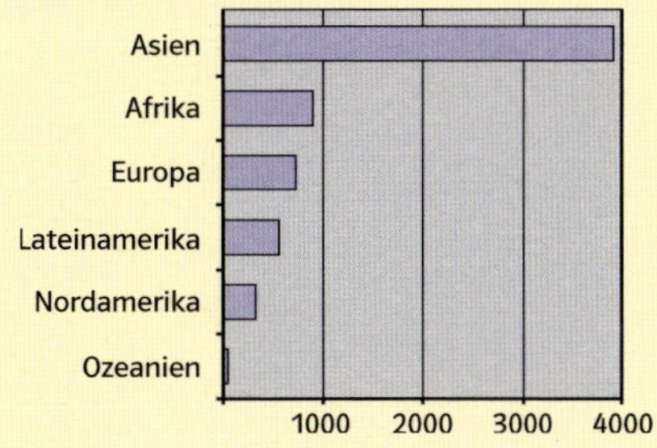

Liniendiagramm

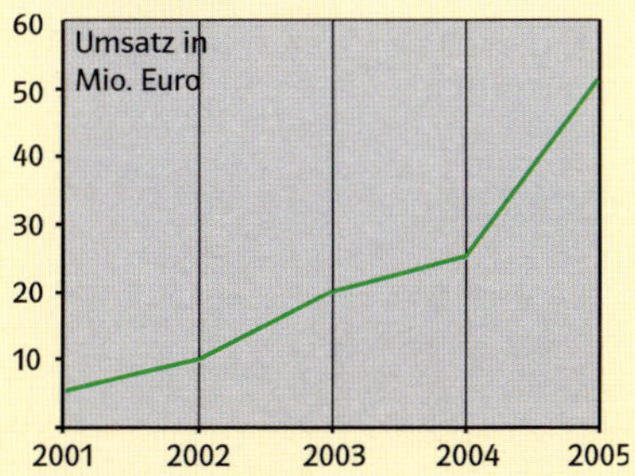

Bilddiagramm

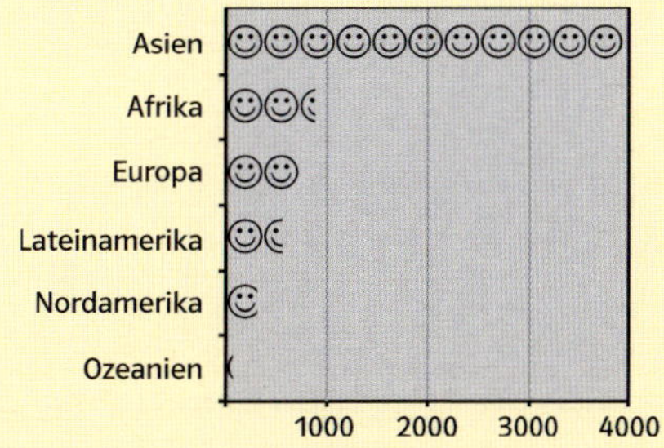

Tipp
Achte beim Lesen und Interpretieren der Diagramme besonders darauf, welche Einheiten auf den Achsen abgetragen sind und wo die Skalen beginnen.

Beispiel:
Die beiden Diagramme veranschaulichen dasselbe jährliche Aufkommen an Müll in kg je Einwohner, werden aber zu unterschiedlichen Zwecken verschieden dargestellt.

1.) „Müllaufkommen in allen Bundesländern ziemlich niedrig."

2.) „Müllaufkommen in Rheinland-Pfalz und Hessen ziemlich hoch."

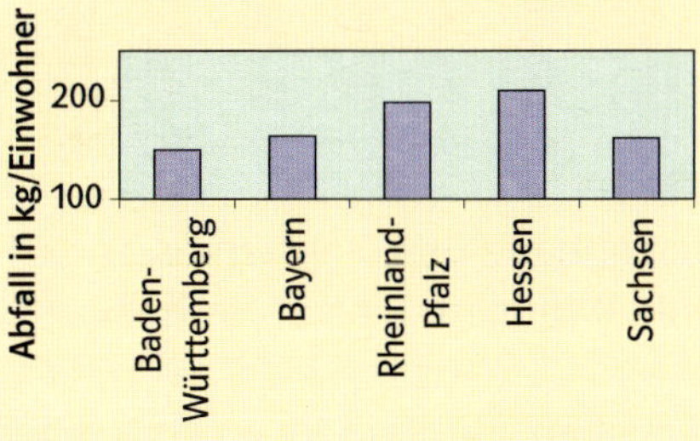

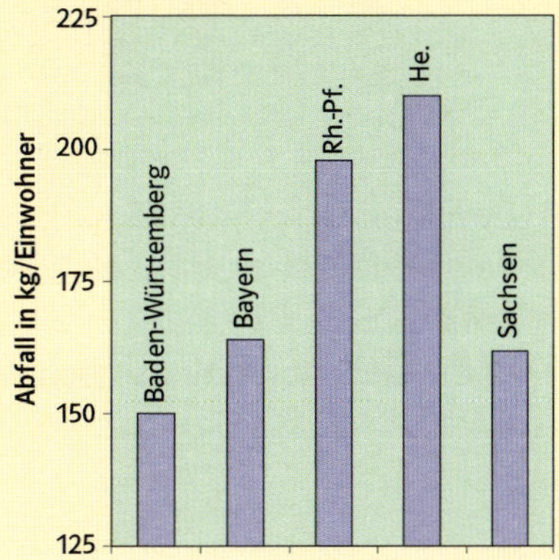

1

Jeder Haushalt verbraucht etwa 150 l Wasser pro Tag.

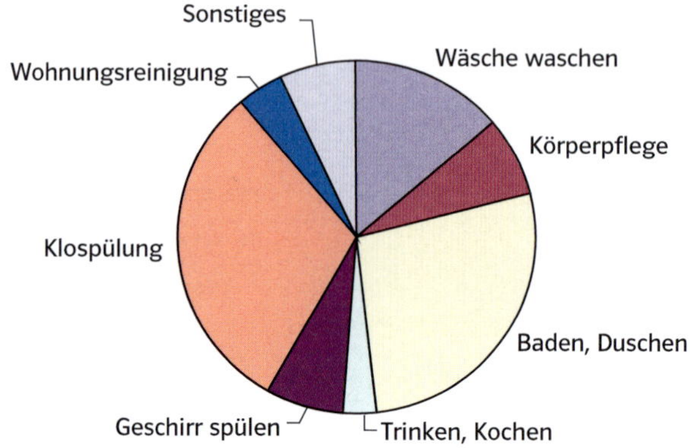

a) Welcher Anteil an Wasser wird wofür verbraucht? Wie viel Liter sind das ungefähr? Berechne.
b) Was kannst du tun, um den Wasserverbrauch zu verringern?

2

Nach dem Anlegen eines neuen Schulteichs protokolliert die Umwelt-AG jeden Monat, wie der Teich nach und nach von Pflanzen besiedelt wird.

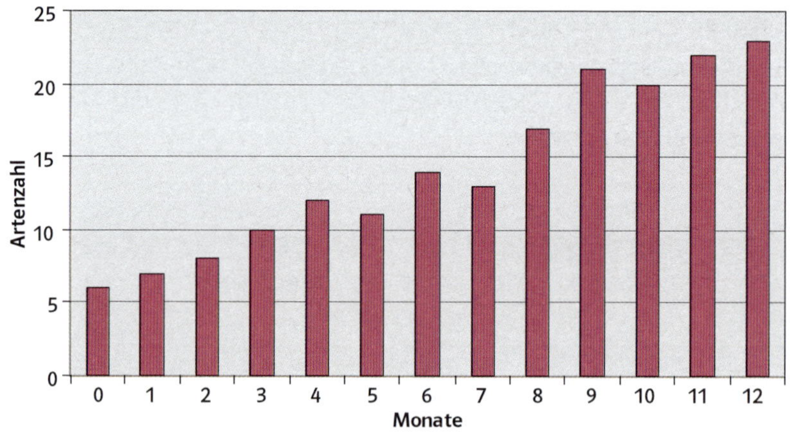

a) Beschreibe die Entwicklung im Teich anhand des Diagramms.
b) Was bedeutet es, dass zum Zeitpunkt 0 Monate 6 Arten vorhanden waren?
c) Wie viele Arten gab es nach einem halben, nach einem ganzen Jahr im Teich?

3

Die folgende Fieberkurve ist typisch für eine Salmonellenerkrankung.

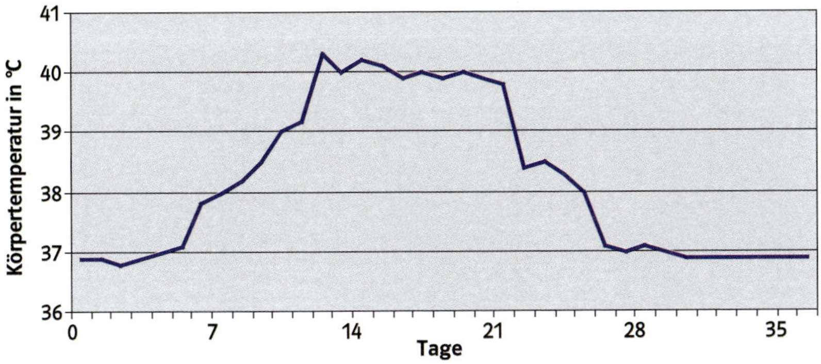

a) Die Krankheit bricht aus, wenn das Fieber merklich ansteigt. Zu welchem Zeitpunkt nach der Ansteckung bricht die Erkrankung aus?
b) Die Phase der Gesundung beginnt, wenn das Fieber deutlich und dauerhaft zurückgeht. Zu welchem Zeitpunkt setzt diese Entwicklung ein?
c) Am wievielten Tag ist das Fieber am höchsten? Wie hoch ist die Temperatur dann?

4

Hier siehst du die gerundeten Einwohnerzahlen einzelner Länder in einer Tabelle aufgelistet und in einem Bilddiagramm veranschaulicht.

Land	Einwohner in Mio
China	1 274
Brasilien	168
Deutschland	82
USA	275
Indien	998
Indonesien	209

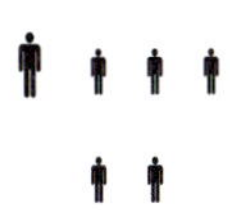

a) Für welche Zahl stehen  und  ?
b) Ergänze den Rest des Bilddiagramms.

5

Dieses Diagramm soll die Arbeitslosenzahlen in Millionen in den Monaten Januar 2005 bis Januar 2006 veranschaulichen.

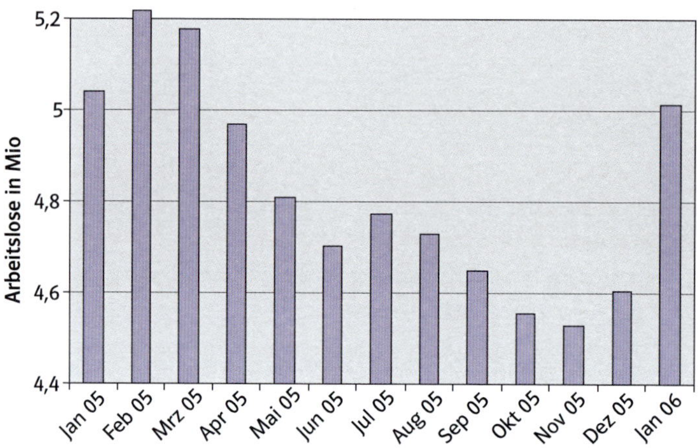

a) Welchen Eindruck vermittelt das Diagramm von der Entwicklung in den Monaten November 2005 bis Januar 2006?

b) Betrachte das gesamte Diagramm genauer und beschreibe nun die Entwicklung.

6

Politiker unterhalten sich über die momentane Situation am Arbeitsmarkt. Wer wird welches Diagramm verwenden und warum?

①

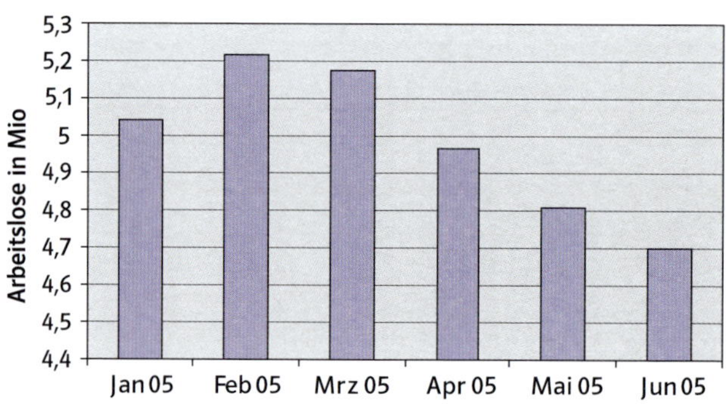

②

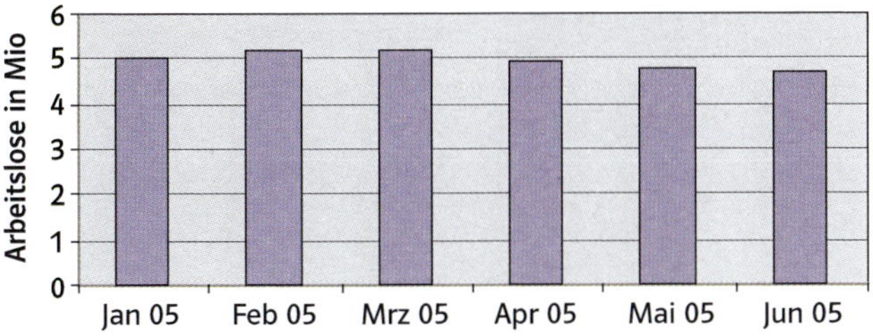

a) Frau Müller analysiert: „In den letzten Monaten ist die Arbeitslosenquote kaum gesunken. Wir haben noch eine riesige Aufgabe bei der Reduzierung der Arbeitslosigkeit vor uns."

b) Herr Maier stellt fest: „Uns ist es in den letzten Monaten durch entsprechende Maßnahmen gelungen, die Arbeitslosigkeit drastisch zu senken."

5.3 Diagramme erstellen

*Bei allen Aufgaben kannst du dir viel Rechenarbeit ersparen, wenn du deinen **Taschenrechner** zu Hilfe nimmst.*

Du hast schon gelernt, wie du Diagramme richtig lesen kannst. Jetzt ist es aber an der Zeit, dass du auch trainierst, Daten richtig zu veranschaulichen.

Deshalb kannst du in diesem Abschnitt üben,

- wie du verschiedene Diagramme erstellen und,
- wie du mit Hilfe von Diagrammen Ordnung in Daten bringen kannst.

So erstellst du ein Kreisdiagramm

Veranschauliche die Lieblingssportarten in einem **Kreisdiagramm.**

Sportart	Fußball	Tischtennis	Basketball	Turnen	Sonstiges
Anzahl	25	12	15	6	2
Anteil	$\frac{5}{12}$	$\frac{1}{5}$	$\frac{1}{4}$	$\frac{1}{10}$	$\frac{1}{30}$
Prozent	≈ 41,7 %	20 %	25 %	10 %	≈ 3,3 %

Für ein Kreisdiagramm musst du die **Winkel** berechnen. Dabei gibt es zwei Möglichkeiten:

Runde jeweils auf ganze Winkel.

1. Hast du **Prozentangaben**, so gilt: 1 % entspricht einem Winkel von $\frac{360°}{100} = 3{,}6°$. Um die passende Winkelgröße zu erhalten, musst du also die Prozentzahl mit 3,6° multiplizieren.

Beispiel:
Fußball: $41{,}7 \cdot 3{,}6° \approx 150°$
Tischtennis: $20 \cdot 3{,}6° = 72°$

2. Du kannst aber auch mit Anteilen rechnen, indem du den jeweiligen **Anteil** mit 360° multiplizierst.

Basketball: $360° \cdot \frac{1}{4} = 90°$
Turnen: $360° \cdot \frac{1}{10} = 36°$
Sonstiges: $360° \cdot \frac{1}{30} = 12°$

Wissenswert
Die Erfindung des Kreisdiagramms wird der als Krankenschwester berühmt gewordenen Florence Nightingale zugeschrieben.

So nimmt dein Kreisdiagramm Gestalt an:

Zeichne einen Kreis, trage die entsprechenden Winkel ab und beschrifte die Abschnitte.

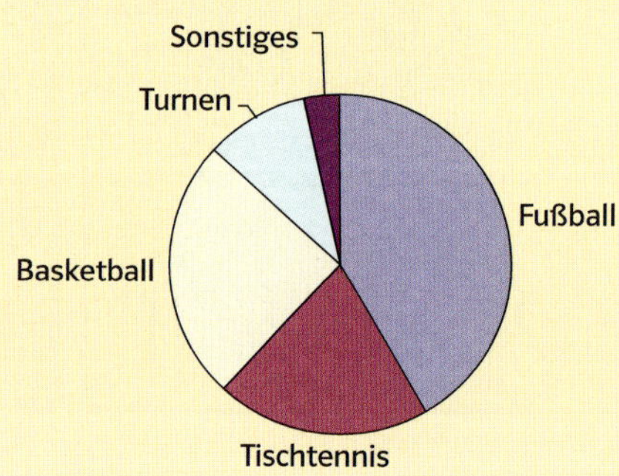

So erstellst du ein Säulendiagramm

Veranschauliche die Lieblingssportarten in einem **Säulendiagramm.**

Sportart	Fußball	Tischtennis	Basketball	Turnen	Sonstiges
Anzahl	25	12	15	6	2
Anteil	$\frac{5}{12}$	$\frac{1}{5}$	$\frac{1}{4}$	$\frac{1}{10}$	$\frac{1}{30}$
Prozent	≈ 41,7%	20%	25%	10%	≈ 3,3%

An der **Rechtsachse** stehen die **Daten.**
Auf der **Hochachse** trägst du die **absoluten Häufigkeiten** ab. Dabei entspricht die Länge einer Säule der Größe der Zahl.
Um einen passenden **Maßstab** zu finden, suchst du zunächst **die größte Zahl.** Dann überlegst du, wie lang die Säule für diese Zahl werden soll. Die anderen Säulen zeichnest du entsprechend ein.
Beschrifte das Diagramm.

Beispiel:
Die Tabellenzeilen Anteil und Prozent werden nicht benötigt.

Die größte Zahl ist 25. Diese Säule soll 12,5 cm lang sein, also in Zentimeter der halben Anzahl entsprechen.
Alle anderen Säulen sind in Zentimenter halb so lang wie die Anzahl.

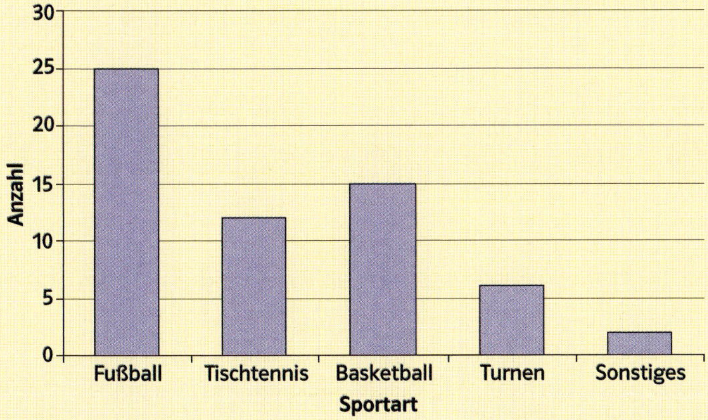

Achtung: Wenn du die beiden Achsen vertauschst und die Säulen waagrecht zeichnest, erhältst du ein **Balkendiagramm.**

1

Bei einer Umfrage in der Klasse wurden alle 32 Schülerinnen und Schüler nach ihrem Lieblingshobby gefragt. Doppelnennungen waren nicht möglich. Die Ergebnisse wurden in einer Tabelle aufgeschrieben.

Hobby	Lesen	Computer	Sport	Fernsehen	Sonstiges
Anzahl	6	12	8	5	1
Anteil	$\frac{3}{16}$	$\frac{3}{8}$	$\frac{1}{4}$	$\frac{5}{32}$	$\frac{1}{32}$
Prozent	≈ 18,8%	37,5%	25%	≈ 15,6%	≈ 3,1%

Erstelle ein Kreisdiagramm, das den Ausgang dieser Umfrage veranschaulicht.

2

In der Tabelle stehen die Augensummen, die bei Werfen von zwei Würfeln gewürfelt wurden.

Summe	2	3	4	5	6	7	8	9	10	11	12
Anzahl	11	25	34	48	62	84	59	39	21	15	2

Zeichne ein Säulendiagramm.

3

Veranschauliche die Ergebnisse der Bundestagswahl in einem Kreisdiagramm.

Partei	CDU/CSU	SPD	Grüne	FDP	Die Linken	Sonstige
Erstimmen in %	38,8	38,4	5,4	4,7	8,0	2,7

4

Veranschauliche die Höhen dieser berühmten Bauwerke in einem Säulendiagramm.

Bauwerk	Höhe in m
Cheops-Pyramide (Kairo, Ägypten)	136
Empire State Building (New York, USA)	381
Petronas Twin Towers (Kuala Lumpur, Malaysia)	452
Eiffelturm (Paris, Frankreich)	302
CN Tower Toronto (Kanada)	553
Ulmer Münster (Deutschland)	161

5

Stelle die chemische Zusammensetzung des Menschen in einem Kreisdiagramm dar.

	Wasser	Eiweiß	Fett	Minerale und sonstige Stoffe
Anteil	60%	20%	15%	5%

6

Veranschauliche die Höchstgeschwindigkeiten der Tiere und Menschen in einem Säulendiagramm.

Tier	Höchstgeschwindigkeit in km/h
Gepard	110
Falke	350
Rennpferd	90
Schwalbe	216
100-m-Läufer	49
Radrennfahrer	54

7

In der Tabelle siehst du die einen Auszug des Medaillenspiegels der Olympischen Winterspiele von Turin 2006.

Platz	Land	Gold	Silber	Bronze	Total
1.	Deutschland	11	12	6	**29**
2.	Vereinigte Staaten	9	9	7	**25**
3.	Österreich	9	7	7	**23**
4.	Russland	8	6	8	**22**
5.	Kanada	7	10	7	**24**
6.	Schweden	7	2	5	**14**
7.	Südkorea	6	3	2	**11**
8.	Schweiz	5	4	5	**14**
9.	Italien	5	0	6	**11**
...					
13.	Norwegen	2	8	9	**19**

Veranschauliche die Gesamtzahl der Medaillen der Teilnehmerländer in einem Säulendiagramm. Was fällt dir dabei auf?

5.4 Mittelwerte

Wenn du in der Schule deine Zeugnisnoten ausrechnest, ist nicht die beste oder schlechteste Note interessant, sondern es sollen alle Noten berücksichtigt und durch einen Wert dargestellt werden. Dazu berechnest du den Durchschnitt, auch Mittelwert genannt.
Damit du den Mittelwert von unterschiedlichen Daten bestimmen kannst, trainierst du hier

- die Berechnung von Mittelwerten,
- Daten mithilfe des Mittelwerts zu interpretieren.

So berechnest du den Mittelwert

Beispiel:
Niclas möchte seine schriftliche Mathe-Note berechnen. Er hat in den Klassenarbeiten eine 2,5, eine 3,5, eine 3 und eine 2 geschrieben.

1. Zähle alle Werte zusammen.
2. Teile diese Summe durch die Anzahl aller Werte.

$2{,}5 + 3{,}5 + 3 + 2 = 11$
Durchschnittsnote: $11 : 4 = 2{,}75$

Oder kürzer:

Du kannst diese zwei Schritte auch in einem Schritt in Form eines Bruches durchführen. Addiere dazu die **Werte im Zähler** und schreibe die **Anzahl in den Nenner**.

Durchschnittsnote:
$$\frac{2{,}5 + 3{,}5 + 3 + 2}{4} = \frac{11}{4} = 2{,}75$$

Statt Mittelwert kann man auch **Durchschnittswert** oder **arithmetisches Mittel** sagen.

1

In der Tabelle siehst du die Aufzeichnungen der Temperaturen in Stuttgart.

a) Berechne die durchschnittliche Jahrestemperatur in Stuttgart.

b) Zeichne ein Liniendiagramm.

Monat	Temperatur in °C	Monat	Temperatur in °C
Januar	0,5	Juli	18,4
Februar	1,9	August	17,9
März	5,3	September	14,7
April	8,9	Oktober	10,0
Mai	13,3	November	4,7
Juni	16,4	Dezember	1,5

Tipp
Benutze deinen Taschenrechner. Aber Achtung: Wenn du alle Werte addiert hast, musst du erst [=] drücken, dann darfst du dividieren.

2

Luisa hat ihre Trainingsleistungen in einem Diagramm aufgeschrieben.

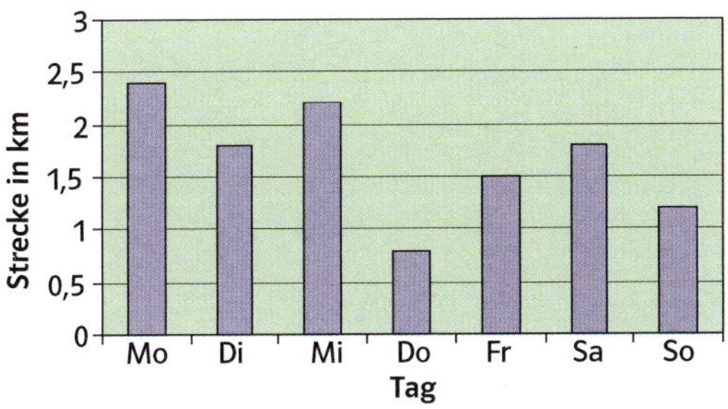

Bestimme anhand des Diagramms, wie viele km Luisa jeden Tag durchschnittlich geschwommen ist.

3

Was bedeuten die folgenden Aussagen nicht?

a) Der Schnitt der Mathe-Arbeit war 2,8.

b) Die jährlich Durchschnittstemperatur in Rom beträgt 15,4°.

c) Sigmar Superstar hat durchschnittlich 0,5 Tore pro Spiel geschossen.

d) Der Sieger beim Großen Preis von Deutschland ist auf dem Hockenheimring durchschnittlich 212,63 $\frac{km}{h}$ gefahren.

In diesem Test kannst du zeigen, wie du mit Daten und Diagrammen zu Recht kommst. Als Hilfsmittel darfst du deinen **Taschenrechner** benutzen.

1

In der Tabelle siehst du die Aufzeichnungen der Niederschlagsmenge in einer süddeutschen Stadt.

Monat	Niederschlagsmenge in mm
Januar	38
Februar	35
März	39
April	54
Mai	84
Juni	93
Juli	63
August	76
September	53
Oktober	41
November	48
Dezember	41

a) Berechne die jährliche Niederschlagsmenge der Stadt.
b) Zeichne ein Säulendiagramm.

Punkte: max. 3

2

Nüsse enthalten viele Nährstoffe. Stelle die Nährstoffzusammensetzung der Nüsse in Kreisdiagrammen dar und vergleiche.

Walnüsse:	
Eiweiß	15 %
Fett	63 %
Kohlehydrate	14 %
Sonstiges	8 %

Haselnüsse:	
Eiweiß	17 %
Fett	62 %
Kohlehydrate	7 %
Sonstiges	14 %

geröstete Erdnüsse:	
Eiweiß	27 %
Fett	47 %
Kohlehydrate	19 %
Sonstiges	7 %

Macadamianüsse:	
Eiweiß	8 %
Fett	75 %
Kohlehydrate	0 %
Sonstiges	17 %

Punkte: max. 4

3

Bei der Schülersprecherwahl haben 380 Schülerinnen und Schüler teilgenommen. Das Ergebnis soll ausgewertet werden.

Name	Stimmenzahl	Anteil	Prozent
Caroline	152		
Daniel			30 %
Romy		$\frac{1}{5}$	
Milena			

a) Berechne die fehlenden Felder der Tabelle.
b) Zeichne ein Kreisdiagramm.

Punkte: max. 5

4

Die Schülermitverwaltung möchte den Besuch der Schuldisco auswerten. Sie hat die Daten in einer Tabelle und einem Säulendiagramm veranschaulicht.

Uhrzeit	18 Uhr	19 Uhr	20 Uhr	21 Uhr
Besucher	62	75	54	121

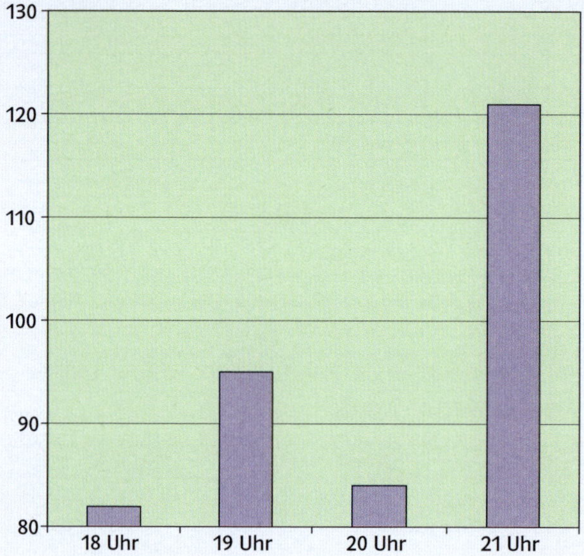

a) Welchen Eindruck bewirkt das Diagramm?

b) In der Schülerzeitung erscheint ein Bericht über die letzte Schuldisco. Nimm Stellung zu den dort gemachten Aussagen.

Disco platzt aus allen Nähten!
... Gegen Ende waren fast fünfmal so viel Besucher in der Disco als noch zu Beginn. Deshalb stellt die SMV den Antrag, die Öffnungszeiten der Disco zu verlängern.

Punkte: max. 3

Gesamtpunkte: max. 15

Aufgaben Nummer	erreichte Punktzahl von (...)	Lernerfolg	Lerneinheit abhaken ✓
1	_____ (3)	In dieser Aufgabe kannst du zeigen, dass du ein Säulendiagramm zeichnen kannst	5.3
2	_____ (4)	Hast du die Winkel richtig berechnet und auch alle Kreisdiagramme sauber gezeichnet, bist du fit beim Erstellen von Kreisdiagrammen.	5.3
3	_____ (5)	Hier sind vor allem ein guter Umgang mit Daten und Rechenfertigkeit gefragt. Hast du hier alle Punkte, kannst du das Thema „Anteile und Häufigkeiten" abhaken.	5.1
4	_____ (3)	Bei dieser Aufgabe konntest du zeigen, ob du mit dem Lesen von Diagrammen gut zu Recht kommst.	5.2

11–15 Punkte	6–10 Punkte	0–5 Punkte
Prima, du hast dieses Kapitel gut verstanden! Nun kannst du das nächste Kapitel übem.	Einiges hast du schon ganz gut gelöst, insgesamt sind deine Lücken aber relativ groß. Wiederhole die Abschnitte noch einmal, die in deiner Checkliste nicht abgehakt sind.	Es gibt bei dir noch sehr viele Unsicherheiten. Du musst noch mehr üben! Wiederhole die Abschnitte noch einmal, die in deiner Checkliste nicht abgehakt sind.

6 Abhängigkeiten zwischen Größen

6.1 Abhängigkeiten beschreiben

In vielen Alltagssituationen findest du Zusammenhänge zwischen Größen wie beispielsweise die Zuordnungen Gewicht – Preis bei Obst, Strecke – Geschwindigkeit beim Rennsport oder Tag – Temperatur beim Wetter. Solche Zuordnungen lassen sich in Schaubildern (Graphen) darstellen. Hier trainierst du

- wie du solche Zuordnungen veranschaulichen kannst und
- wie du Schaubilder von Zuordnungen lesen und deuten kannst.

So kannst du Schaubilder von Zuordnungen (Graphen) lesen

Graph kommt aus dem Griechischen und bedeutet Schrift, Zeichnung.

1. Die Beschriftung der Achsen sagt dir, worum es geht. Der Größe der Rechtsachse (x-Achse) wird die Größe der Hochachse (y-Achse) zugeordnet.

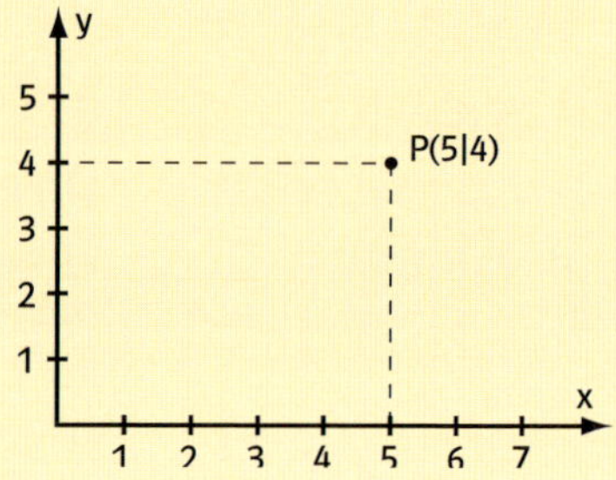

2. Jeder Punkt des Schaubildes besteht aus zwei zusammengehörenden Werten, dem sogenannten Wertepaar.

Oft sind bei der Beschreibung von Schaubildern nicht einzelne Wertepaare interessant, sondern es soll der Gesamtverlauf beschrieben werden. Damit du dir folgendes Vokabular gut einprägen kannst, kannst du dir einen Graphen wie eine Strecke vorstellen, die du ablaufen musst.

So kannst du den Gesamtverlauf eines Schaubildes beschreiben

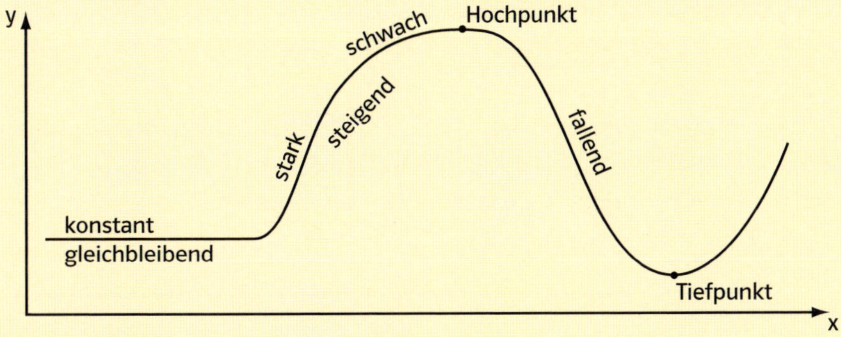

Beispiel für eine Aufgabenstellung:
Um sich eine Vorstellung von der Tour-de-France machen zu können, werden die einzelnen Etappen in einem Streckenprofil veranschaulicht. Beschreibe die Etappe von Grenoble auf den Courchevel.

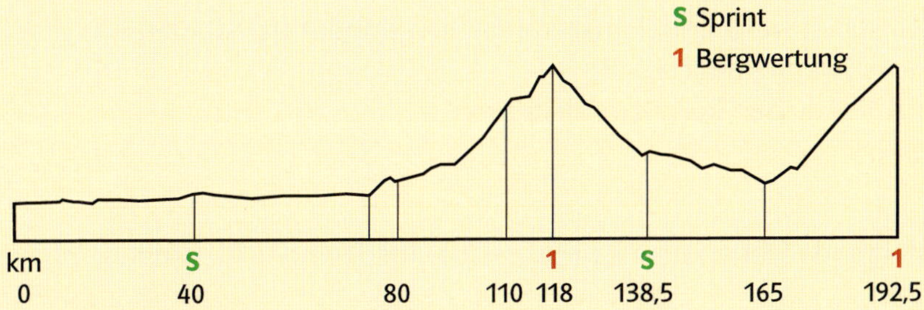

Lösungsmöglichkeit:
Start dieser Etappe ist Grenoble. Zu Beginn ist die Strecke relativ flach. Nach 40 km folgt die erste Sprintwertung. Bei Kilometer 80 etwa beginnt der steile Anstieg zur ersten Bergwertung der 1. Kategorie bei 118 km. Es folgt die Abfahrt und eine Sprintwertung nach 138,5 km. Danach geht es stetig leicht bergab, bis nach ca. 165 km der letzte steile Anstieg beginnt. Das Ziel befindet sich nach 192,5 km auf dem Gipfel des Courchevel.

1

Dieses Schaubild zeigt die Geschwindigkeit eines Rennwagens während einer Runde auf einer ebenen Rennstrecke.

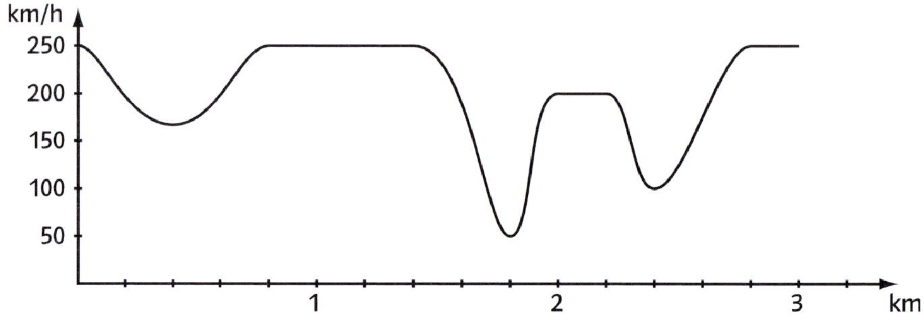

a) Wie lang ist die Rennstrecke?
b) Wo wurde die geringste Geschwindigkeit gemessen?
c) Was kannst du über die Geschwindigkeit des Rennwagens zwischen 2,2 km und 2,4 km sagen?
d) Zwischen welchen Kilometerangaben befindet sich der längste gradlinige Streckenabschnitt?
e) Kannst du den Rundkurs skizzieren?

2

Die folgende Fieberkurve ist typisch für eine Salmonellenerkrankung.

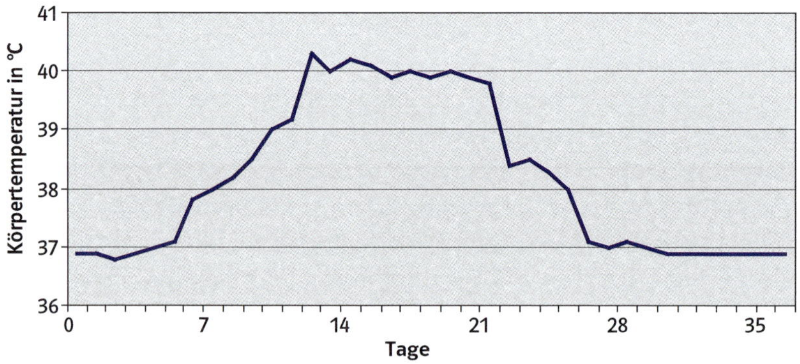

Beschreibe den Verlauf der Erkrankung.

Tipp
Achte auf konstante Temperatur und markante Temperaturanstiege und -senkungen.

3

Der **D**eutsche **A**ktienindeX (DAX) spiegelt die Wertentwicklung der 30 größten deutschen börsennotierten Aktiengesellschaften wieder. Er wird in Punkten angegeben.
Beschreibe die Entwicklung des DAX in den Monaten Dezember 2005 bis Februar 2006.

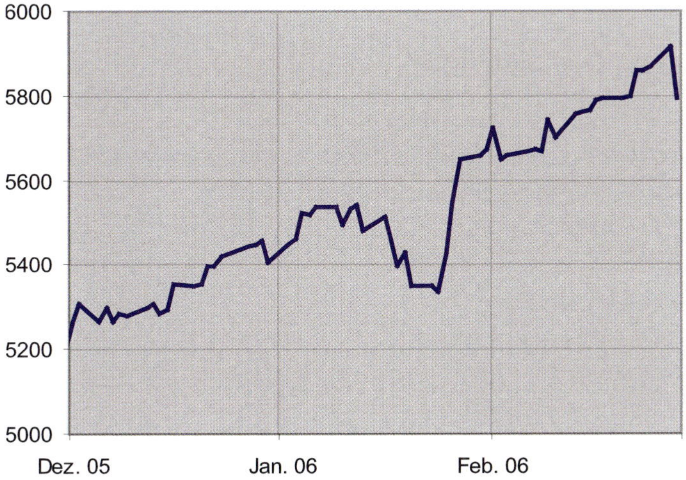

4

In dem Schaubild ist der Temperaturverlauf in Rom dargestellt.

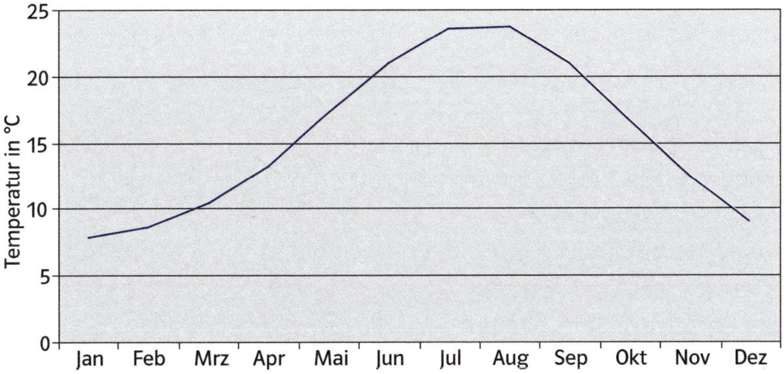

a) Beschreibe den Temperaturverlauf.
b) Berechne die durchschnittliche Jahrestemperatur von Rom.

6.2 Abhängigkeiten in Schaubildern darstellen

Im letzten Abschnitt konntest du üben, wie du Schaubilder lesen und interpretieren kannst.
Hier trainierst du Zusammenhänge zwischen Größen in Schaubildern darzustellen.

So kannst du Graphen zeichnen

Beispiel:
Fabian hat eine Woche lang jeden Morgen die Außentemperatur gemessen und in eine Tabelle eingetragen. Zeichne ein Schaubild.

Mo	Di	Mi	Do	Fr	Sa	So
7°	9°	10°	8°	6°	5°	4°

1. Überlege, welche Größe von einer anderen Größe abhängt. Diese Größe musst du an der y-Achse (Hochachse) abtragen.
2. Lege den Maßstab fest, mit dem du die Größen auf den Achsen abträgst.
3. Trage die Wertepaare aus der Tabelle in das Schaubild ein und verbinde die Punkte miteinander.

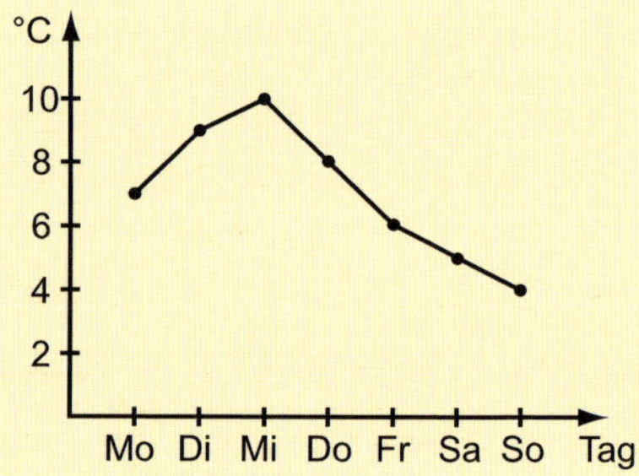

Schwieriger wird es, wenn keine Werte gegeben sind und du anhand eines Textes ein Schaubild zeichnen sollst. Dann musst du versuchen, mit den Begriffen aus dem Text die Abhängigkeiten darzustellen.

Beispiel für eine Textaufgabe:
Lea beschreibt ihre 8tägige Radtour so: „Die ersten zwei Tage kamen wir immer schneller voran. Dann haben wir uns verfahren und mussten ein kleines Stück zurück. Ab dem vierten Tag wurden wir immer langsamer, bis wir am 5. Tag eine Pause einlegten. Von da an fuhren wir den Rest der Strecke gleichmäßig, bis wir unser Ziel erreichten."

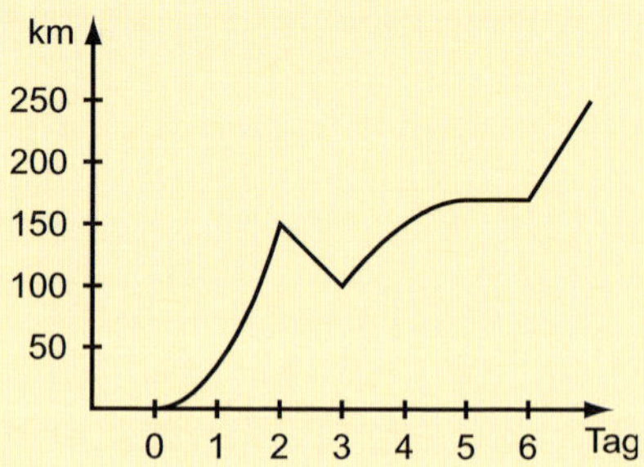

1

In der Tabelle siehst du die monatlichen Durchschnittstemperaturen von Sydney, Australien.

a) Trage die Temperaturen in ein Schaubild ein. Wähle dafür eine geeignete Achseneinteilung.

b) Berechne die durchschnittliche Jahrestemperatur und zeichne sie als farbige Linie in das Schaubild ein.

Monat	Temperatur in °C	Monat	Temperatur in °C
Januar	22,8	Juli	12,0
Februar	22,8	August	13,2
März	21,5	September	15,4
April	18,6	Oktober	17,9
Mai	15,9	November	19,8
Juni	12,9	Dezember	22,1

2

Eine Firma beschreibt den Jahresabsatz ihre Produkte folgendermaßen: „In den ersten drei Monaten nahm die Zahl der verkauften Produkte stetig zu. Von April bis Juni ging der Absatz leicht zurück. In den Sommermonaten nahm der Absatz erstaunlicherweise immer schneller zu, bis er im September seinen Höhepunkt erreichte. In den letzen drei Monaten nahm der Absatz dann wieder gleichmäßig ab."

Stelle den Verlauf des Absatzes in einem Schaubild zeichnerisch dar.

6.3 Der Dreisatz bei proportionaler Zuordnung

Im Alltag kommt es oft vor, dass sich zwei Größen gleichartig (proportional zueinander) verhalten. Dann gehört z. B. zum Doppelten der einen Größe auch das Doppelte der anderen Größe. Solche Zuordnungsaufgaben kannst du mit dem Je-mehr-desto-mehr-Dreisatz lösen.
Hier übst du,

- wie du mithilfe des Je-mehr-desto-mehr-Dreisatzes Größen berechnen kannst,
- wann du den Je-mehr-desto-mehr-Dreisatz nicht anwenden kannst.

Was sind zueinander proportionale Größen?

Achtung: „Je mehr … desto mehr …" bedeutet auch „je weniger … desto weniger …".

Zwei Größen sind zueinander **proportional**, wenn gilt:

1. Nimmt die erste Größe zu, dann nimmt auch die zugeordnete Größe zu, kurz wenn gilt: je mehr … desto mehr …
2. Zum Doppelten, Dreifachen, Vierfachen, … der ersten Größe gehört das Doppelte, Dreifache, Vierfache, … der zugeordneten Größe.

Beispiel:
David misst seinen Puls und trägt die Werte in eine Tabelle ein.

Zeit	1 min	2 min	3 min
Puls	82	164	246

(·2 von 1 min zu 2 min bzw. 82 zu 164; ·3 von 1 min zu 3 min bzw. 82 zu 246)

So wendest du den Je-mehr-desto-mehr-Dreisatz an

Der Begriff „Dreisatz" kommt daher, dass du die Lösung der Aufgabe in drei Sätzen aufschreiben kannst.

1. Überprüfe, ob die Größen zueinander proportional sind.
2. Schreibe in die **erste** Zeile die gegebenen Größen.
3. Lass die zweite Zeile zunächst frei und schreibe in die **dritte** Zeile die dritte bekannte Größe, zu der ein zugeordneter Wert gesucht ist.
4. Schreibe in die noch leere **zweite** Zeile einen passenden Zwischenwert und berechne die fehlenden Größen proportional.

Beispiel:
3 kg Äpfel kosten **5,97 €**. Wie viel kosten **5 kg**?
Der Dreisatz ist anwendbar, da doppelt so viele Äpfel auch doppelt so viel kosten.

		Gewicht	Preis	
1. Zeile:	:3	**3 kg**	**5,97 €**	:3
2. Zeile	·5	1 kg	1,99 €	·5
3. Zeile		**5 kg**	9,95 €	

5 kg Äpfel kosten 9,95 €.

1

Bei welchen Aufgaben darfst du den Dreisatz anwenden?

a) Fabiana ist 12 Jahre alt und 1,54 m groß. Wie groß war sie mit 6 Jahren?

b) Die Klasse 6 a fährt ins Schullandheim in die Schweiz. Jeder Schüler soll ein Taschengeld von ungefähr 50 € in Schweizer Franken umtauschen. Der Wechselkurs ist 100 € = 152 sfr.

c) Ein Ei ist nach etwa 5 min weich gekocht. Wie lange brauchen 5 Eier?

2

Herr Maier hat seinen Spritverbrauch gemessen. Für 620 km hat er etwa 53 l gebraucht.

a) Wie viel Benzin verbraucht er durchschnittlich auf 100 km?

b) Wie weit kommt er mit 30 l?

3

In Deutschland lebten Ende 2004 ungefähr 82,5 Millionen Einwohner. Wenn sich 15 Menschen hintereinander aufstellen und an den Händen halten, ergibt sich durchschnittlich eine Kette von 20 m Länge.
Wie lang wäre eine Menschenkette, mit allen Einwohnern Deutschlands? Berechne mit dem Taschenrechner.

4

Frau Glücklich hat gemessen, dass sie mit ihrem Auto für 10 km durchschnittlich 15 min benötigt.

a) Wie lange braucht sie für 45 km?

b) Wie weit kommt sie in 1 h 20 min?

c) Unter welcher Annahme stimmt deine Berechnung?

5

Vergleiche die Preise der Knabberpackungen miteinander.

6.4 Der Dreisatz bei antiproportionaler Zuordnung

Häufig verhalten sich Größen gegensinnig (antiproportional), denn z. B. verrichten mehr Leute dieselbe Arbeit in weniger Zeit. Dann gehört zum Doppelten der einen Größe die Hälfte der anderen Größe.
Jetzt kannst du trainieren,

- wie du mithilfe des Je-mehr-desto-weniger-Dreisatzes antiproportionale Größen berechnen kannst,
- wann du den Je-mehr-desto-weniger-Dreisatz nicht anwenden kannst.

Was sind zueinander antiproportionale Größen?

Zwei Größen sind zueinander **antiproportional**, wenn gilt:

1. Nimmt die erste Größe zu, dann nimmt die zugeordnete Größe ab, kurz wenn gilt: je mehr… desto weniger ….
2. Zum Doppelten, Dreifachen, Vierfachen, … der ersten Größe gehört die Hälfte, ein Drittel, Viertel, … der zugeordneten Größe.

Beispiel:
Die Theater-AG möchte 200 Werbezettel für ihre Aufführung.

$\cdot 2$, $\cdot 4$

Kinder	1	2	4
Zettel je Kind	200	100	50

$:2$, $:4$

So wendest du den Je-mehr-desto-weniger-Dreisatz an

Achtung:
„Je mehr … desto weniger …" bedeutet auch „je weniger … desto mehr …".

1. Überprüfe, ob die Größen zueinander **antiproportional** sind.
2. Schreibe in die **erste** Zeile die gegebenen Größen.
3. Lass die zweite Zeile zunächst frei und schreibe in die **dritte** Zeile die dritte bekannte Größe, zu der ein zugeordneter Wert gesucht ist.
4. Schreibe in die noch leere **zweite** Zeile einen passenden Zwischenwert und berechne die fehlenden Größen antiproportional.

Beispiel:
Fünf Bagger benötigen für das Ausheben einer Grube vier Tage. Wie lange benötigen acht Bagger?
Der Dreisatz ist anwendbar, da mehr Bagger weniger Zeit brauchen.

	Bagger	Zeit	
1. Zeile:	5	4 Tage	
2. Zeile	:5 → 1	20 Tage	·5
3. Zeile	·8 → 8	2,5 Tage	:8

Acht Bagger benötigen nur $2\frac{1}{2}$ Tage.

1

Nach der Schuldisco muss die Schülermitverwaltung aufräumen. Die Schülersprecherin schätzt, dass fünf Schüler dafür etwa zwei Stunden bräuchten. Es kommen aber nur vier Helfer. Wie lange brauchen sie voraussichtlich für die Aufräumarbeiten?

2

Im Pferdestall reicht das Futter für 30 Pferde 20 Tage.

a) Wie lange reicht das Futter für 40 Pferde?
b) Für wie viele Pferde reicht das Futter 25 Tage?

3

Die Klasse 6 b möchte eine Schullandheimzeitung erstellen. Wenn eine getippte Seite 40 Zeilen erhält, würde die Zeitung aus 36 Seiten bestehen.

a) Wie viele Seiten erhält die Zeitung, wenn auf jede Seite nur 36 Zeilen passen?
b) Wie viele Zeilen müssen auf eine Seite passen, wenn die Zeitung nur 32 Seiten haben soll?

4

Familie Fit hat sich eine Wandertour ausgesucht und berechnet, dass sie nach sechs Tagen am Ziel sind, wenn sie täglich 25 km wandern.

a) Wie lange brauchen sie, wenn sie jeden Tag 30 km wandern?
b) Wann wären sie am Ziel, wenn sie nur 20 km täglich schaffen?
c) Wie viele km müssten sie täglich laufen, wenn sie schon nach vier Tagen am Ziel sein wollen?

5

Vier Bagger brauchen zum Ausheben einer Grube $7\frac{1}{2}$ Tage.

a) Wie lange würden drei Bagger dazu brauchen?
b) Wie viele Bagger braucht ein Bauunternehmer, wenn er in fünf Tagen mit der Arbeit fertig sein möchte?

6.5 Gleichungen

Bisher hast du gelernt, wie du Abhängigkeiten zwischen Größen mit Tabellen und Graphen darstellen kannst. Meistens kannst du solche Zuordnungen auch mit Worten oder Rechenvorschriften (Gleichungen) beschreiben. In diesem Abschnitt trainierst du

- Gleichungen zu lösen,
- Abhängigkeiten von Größen zu erkennen und mit Worten zu beschreiben.

Was ist eine Gleichung?

Eine Gleichung besteht aus zwei Rechenausdrücken, die durch ein Gleichheitszeichen verbunden sind. Eine Gleichung erhältst du auch, wenn du einem Rechenausdruck mit einer Variablen einen bestimmten Wert mit „=" zuweist. Die Zahl x, für die der Rechenausdruck den vorgegebenen Wert annimmt, heißt Lösung der Gleichung.

So kannst du eine Gleichung lösen

Rückwärts rechnen
Aus + wird – und umgekehrt, aus · wird : und umgekehrt.

Eine Gleichung lösen heißt, alle Zahlen zu finden, für die die Gleichung eine wahre Aussage enthält. Du kannst jederzeit versuchen, eine Gleichung durch Probieren zu lösen. Geschickter und meist schneller geht es jedoch, wenn du rückwärts rechnest.

Beispiele:

a) Überprüfe, ob 2 eine Lösung der Gleichung $3x + 4 = 10$ ist.
Lösung:
Setze an Stelle der Variablen x die Zahl 2 ein und berechne den Rechenausdruck mit der Variablen. Vergleiche anschließend mit der anderen Seite der Gleichung.
Rechnung: $3 \cdot 2 + 4 = 6 + 4 = 10$ ✓
Also ist 2 eine Lösung der Gleichung $3x + 4 = 10$.

b) Löse die Gleichung $5x - 2 = 13$.
Lösung:
Umkehrrechnung: $5x = 13 + 2$
$5x = 15$
Umkehrrechnung: $x = 15 : 5$, also $x = 3$.

1

Überprüfe durch Einsetzen, ob die angegebene Zahl Lösung der Gleichung ist.

a) $37 + x = 65$; $x = 38$
b) $y - 132 = 346$; $y = 483$
c) $25 \cdot x = 175$; $x = 7$
d) $a \cdot 17 = 134$; $a = 8$
e) $4u + 12 = 52$; $u = 9$
f) $6v - 4 = 5v$; $v = 4$

2

Löse die Gleichungen. Du kannst probieren oder systematisch durch Umkehrrechnungen vorgehen.

a) $24x = 576$
b) $272 = 17x$
c) $9x + 21 = 102$
d) $30 + 12x = 90$
e) $8x - 34 = 22$
f) $65 - 7x = 2$
g) $8x = 3x + 15$
h) $5x - 2 = x$

3

Welche Gleichungen besitzen dieselbe Lösung?

① $3x - 4 = 14$
② $1{,}5x - 2{,}5 = 5$
③ $0{,}5x - 1 = 1$
④ $5 - 3{,}5x = -9$
⑤ $33 = 5x + 3$
⑥ $-30 = -5x - 5$

Gleichungen sollen dir helfen, Aufgaben systematisch zu lösen. Es geht oft auch ohne sie, aber wenn du sie beherrschst, kannst du dir oft viel Zeit und Rechenaufwand sparen. Das Aufstellen von Gleichungen erfordert allerdings etwas Geschick, was du aber trainieren kannst.

So kannst du eine Gleichung aufstellen

Beispiel:
Anna hat ein neues Handy von ihren Eltern bekommen. Die monatliche Grundgebühr beträgt 5 €, jede Minute kostet 0,19 €.
Anna soll nicht mehr als 10 € im Monat vertelefonieren. Wie viele Minuten sind das?

Tipp
Formuliere die Problemstellung erst in eigenen Worten.

1. Lege eine Variable für die gesuchte Größe fest.	x: vertelefonierte Minuten
2. Übersetze die Problemstellung in einen mathematischen Rechenausdruck.	Das Telefonieren kostet 5 € und 0,19 € jede Minute, also $5\,€ + 0{,}19\,€ \cdot x$
3. Stelle eine Gleichung auf.	Die Telefonkosten sollen nicht mehr als 10 € betragen: $10\,€ = 5\,€ + 0{,}19\,€ \cdot x$
4. Löse die Gleichung. Das geht am besten durch Umkehrrechnen.	Da alle Größen die gleiche Einheit haben, kannst du die Einheiten zum Rechnen weglassen. $10 - 5 = 0{,}19 \cdot x$ $5 = 0{,}19 \cdot x$ | aus · wird : $5 : 0{,}19 = x$, also $x \approx 26$ hier geht die Rechnung nicht genau auf. Da nur ganze Minuten abgerechnet werden, kannst du den Rest weglassen.
5. Zur Probe solltest du die Lösung in den Term einsetzen.	Probe: $5\,€ + 0{,}19\,€ \cdot 26 = 9{,}94\,€$, das sind weniger als 10 €, die Lösung stimmt also!
6. Formuliere einen Antwortsatz.	Anna sollte nicht mehr als 26 Minuten telefonieren.

Beispiel für eine typische Aufgabe:

Lösungsmöglichkeit:

1. Lege für die gedachte Zahl eine Variable fest.	x: gedachte Zahl
2. Übersetze das Zahlenrätsel in einen mathematischen Rechenausdruck.	$x \cdot 2 + 15 - 3$
3. Stelle mit dem Ergebnis eine Gleichung auf.	$x \cdot 2 + 15 - 3 = 88$
4. Löse die Gleichung. Das geht am besten durch Umkehr- oder Rückwärtsrechnen.	$x \cdot 2 + \underbrace{15 - 3} = 88$ $x \cdot 2 + 12 = 88$ $x \cdot 2 = 88 - 12$ $x \cdot 2 = 76$ $x = 76 : 2$, also $x = 38$
5. Zur Probe solltest du die Lösung in den Term einsetzen.	$38 \cdot 2 + 15 - 3 = 88$ ✓
6. Formuliere einen Antwortsatz.	Die gedachte Zahl war 38.

Zum Einstieg in das Aufstellen und Lösen von Gleichungen findest du hier eine Seite voller Zahlenrätsel zum Üben. Du musst sie nicht unbedingt mit Gleichungen lösen. Die Gleichungen sind ein mögliches Hilfsmittel.

4

Ich denke mir eine Zahl. Wenn ich sie mit 6 multipliziere und 8 addiere, erhalte ich 80.

5

Ich denke mir eine Zahl. Wenn ich vom Achtfachen der Zahl 13 subtrahiere, erhalte ich 59.

6

Ich denke mir eine Zahl. Wenn ich zum Dreifachen der Zahl 7 addiere, erhalte ich 31.

7

Ich denke mir eine gerade Zahl. Wenn ich die Zahl halbiere und dann 23 addiere, erhalte ich 30.

8

Ich denke mir eine Zahl. Wenn ich die Zahl mit 2 multipliziere, dann 8 addiere und schließlich das Ergebnis durch 2 dividiere, dann erhalte ich 7.

9

Ich denke mir eine Zahl. Wenn ich zu dieser Zahl ihren Nachfolger addiere, erhalte ich 21.

10

Ich denke mir eine Zahl. Wenn ich zu dieser Zahl den Vorgänger und Nachfolger addiere und dann 5 subtrahiere, dann erhalte ich 13.

11

Ich denke mir eine Zahl. Wenn ich vom 5fachen der Zahl 8 subtrahiere, erhalte ich das 3fache der Zahl.

Nachdem du das Aufstellen und Lösen von Gleichungen an Zahlenrätseln üben konntest, findest du jetzt Aufgaben aus ganz unterschiedlichen Bereichen, die du mit Gleichungen lösen kannst. Wenn du deine Gedanken ordentlich aufschreibst und die richtige Lösung ohne Gleichungen findest, ist das genauso gut.

12

Eine Taxifahrt kostet 2,40 € Grundtarif und für jeden gefahrenen Kilometer 1,50 €.

a) Wie teuer wird eine Taxifahrt über 25 km?
b) Herr Sparsam hat noch 30 €. Wie weit kann er mit dem Taxi fahren?

13

Eric hat 8 m Zaun und möchte für seine Meerschweinchen ein rechteckiges Freiluftgehege bauen. Eine Seite soll 1 m lang sein.

a) Wie lang ist die andere Seite des Geheges?
b) Eric möchte seinen Meerschweinchen bei gleicher Zaunlänge noch mehr Platz geben. Welche Seitenlängen soll er wählen?

14

Elisa und Lukas sind zusammen 26 Jahre alt. Elisa ist zwei Jahre älter als Lukas. Wie alt sind Elisa und Lukas?

15

Jonas verteilt 62 Gummibärchen. Jasmin erhält doppelt so viele wie Max und Linda sechs weniger als Max.

16

Marina erzählt ihrer Freundin von der Klassensprecherwahl. „Es waren alle 31 Schüler da. Am Schluss hatte Mario acht Stimmen mehr als Nathalie und Nathalie bekam zwei Stimmen weniger als Inga."
Wie viele Stimmen bekam jeder?

Tipp
Wähle x für die Anzahl der Stimmen für Mario.

6.6 Umfang des Kreises

Den Umfang von Rechtecken kannst du schon berechnen. Jetzt kannst du trainieren, wie du den Umfang eines Kreises berechnen kannst.

Was ist π?

π (sprich „pi") wird auch **Kreiszahl** genannt. Sie beschreibt das Verhältnis des Umfangs eines Kreises zu seinem Durchmesser und ist bei allen Kreisen, unabhängig von deren Größe, gleich.
π ist weiterhin eine besondere Zahl, denn Mathematiker haben herausgefunden, dass π eine unendliche und nicht periodische Dezimalzahl ist. Den aktuellen Rekord (Stand Januar 2006) hält übrigens der Japaner Yasumasa Kanada. Er hat π auf 1,2 Billionen Nachkommastellen berechnet.
Der Näherungswert beträgt $\pi \approx 3{,}14$ (letzte Ziffer abgerundet).
Dein Taschenrechner hat einen genaueren Wert gespeichert. Musst du ohne Taschenrechner auskommen, kannst du mit dem Näherungswert $\pi \approx 3$ rechnen.

Mit dieser Formel kannst du den Umfang eines Kreises berechnen

Für den Umfang eines Kreises gilt:
$U = \pi \cdot d = \pi \cdot 2r$

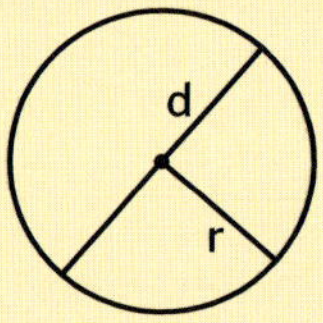

Ist der **Umfang** gegeben, kannst du den Durchmesser berechnen.

Für den Durchmesser gilt: $d = \frac{U}{\pi} = U : \pi$

Beispiele:

1) Der Mittelkreis eines Fußballfeldes hat den Radius $r = 9{,}144\,m$ (= 30 feet). Berechne seinen Umfang.
   Lösung:
   Setze $r = 9{,}144\,m$ in die Formel $U = \pi \cdot 2r$ ein:
   $U = \pi \cdot 2 \cdot 9{,}144\,m \approx 57{,}54\,m$.

2) Der Äquator der Erde ist 40 076,6 km lang. Berechne den Erddurchmesser.
   Lösung:
   Setze $U = 40\,076{,}6\,km$ in die Formel $d = \frac{U}{\pi} = U : \pi$ ein:
   $d = 4\,0076{,}6\,km : \pi \approx 12\,756\,km$.

1

Berechne den Umfang eines Kreises mit

a) $r = 2\,cm$ b) $d = 8\,cm$ c) $r = \frac{1}{3}\,m$ d) $d = 0{,}5\,dm$

2

Berechne Radius und Durchmesser eines Kreises mit

a) $U = 10\,cm$ b) $U = 72{,}5\,cm$ c) $U = 1{,}5\,m$ d) $U = \frac{1}{20}\,km$

3

Es lebe der Sport!

a) Ein Fußball hat einen Radius von 10,8 cm. Berechne seinen Umfang.
b) Ein Basketball hat einen Umfang von 750 mm. Berechne seinen Radius.
c) Ein Handball hat einen Umfang von 5,8 dm. Berechne d.

4

Wie verändert sich

a) der Umfang eines Kreises, wenn der Radius halbiert wird?
b) der Durchmesser, wenn der Umfang verdoppelt wird?

5

Berechne den Umfang der Kreisfiguren und ordne der Größe nach.

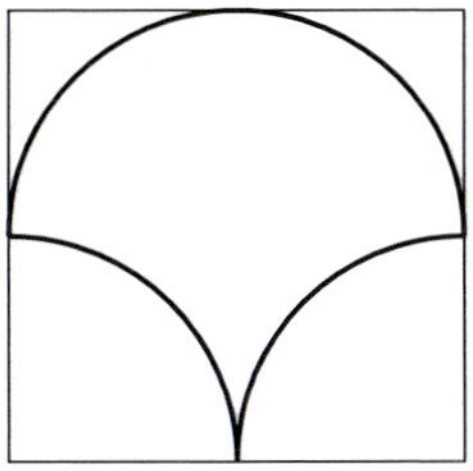

4 cm

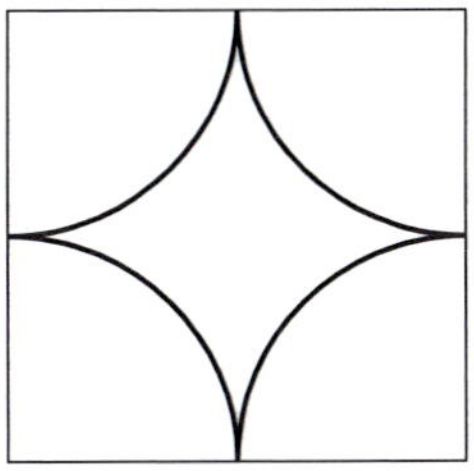

4 cm

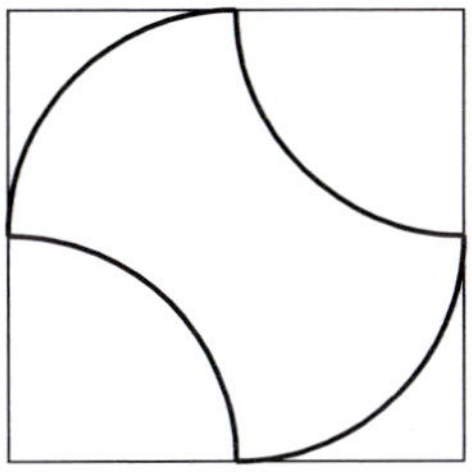

4 cm

6

a) Miss mit einer Schnur den Umfang eines Balls. Jetzt gibst du zu dem Umfang 10 cm dazu. Passt noch eine Ameise zwischen Schnur und Ball durch?
b) Die Erde hat einen Umfang von etwa 40 000 km. Nimm an, du könntest eine Schnur um die Erde legen und wie bei dem Ball aus Aufgabe a) verlängerst du diesen Umfang um 10 cm. Passt jetzt noch eine Ameise zwischen Erde und Schnur?

6.7 Flächeninhalt des Kreises

Den Flächeninhalt eines Kreises kannst du näherungsweise berechnen, indem du ein Quadrat um den Kreis legst. Die Kreisfläche ist dann ungefähr dreimal so groß wie ein Quadrat über dem Radius. Bei genauerem Hinsehen ergibt sich für diesen Näherungswert wieder die Kreiszahl π.

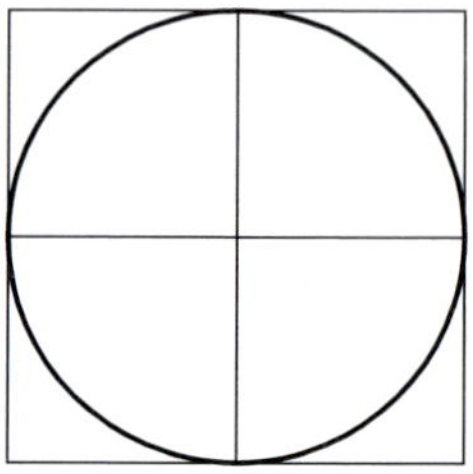

Hier trainierst du, wie du den Flächeninhalt eines Kreises mit der Kreiszahl π berechnen kannst.

So berechnest du den Flächeninhalt eines Kreises

Beachte
Ein Kreis mit Radius r = 1 hat also den Flächeninhalt $A = \pi \cdot 1^2 = \pi$.

Quadriere den Radius des Kreises und multipliziere das Ergebnis mit π.
Es gilt die Formel: $\mathbf{A = \pi \cdot r^2}$

Beispiele:

1) Der Mittelkreis eines Fußballfeldes hat den Radius r = 9,144 m (= 30 feet). Berechne seinen Flächeninhalt.
   Lösung:
   Setze r = 9,144 m in die Formel $A = \pi \cdot r^2$ ein:
   $A = \pi \cdot (9{,}144\,\text{m})^2 \approx 263\,\text{m}^2$.

2) Wie groß wäre die Fläche, wenn man die Erde (Erdradius r ≈ 6378 km) am Äquator aufschneiden würde? Hätten alle 6,5 Milliarden Menschen auf dieser Kreisscheibe Platz, wenn jedem Menschen ein Stück von 1 m² zustehen würde?
   Lösung:
   Setze r = 6378 km in die Formel $A = \pi \cdot r^2$ ein:
   $A = \pi \cdot (6378\,\text{km})^2 \approx 127\,796\,483\,\text{km}^2$.
   Alle Menschen bräuchten in etwa eine Fläche von $6\,500\,000\,000\,\text{m}^2 = 6\,500\,000\,\text{km}^2$. Der Platz würde also reichen.

Denke daran
Die Einheiten beim Flächeninhalt sind mm^2, cm^2, dm^2, m^2, a, ha, km^2!

1
Berechne den Flächeninhalt eines Kreises mit
a) $r = 2\,cm$ b) $d = 8\,cm$ c) $r = \frac{1}{3}m$ d) $d = 0{,}5\,dm$

2
Welchen Flächeninhalt hat der Mittelkreis eines Basketballfeldes mit $r = 1{,}8\,m$?

3
Wie verändert sich
a) der Flächeninhalt eines Kreises, wenn der Radius verdoppelt wird?
b) der Radius eines Kreises, wenn der Flächeninhalt geviertelt wird?

4
Ein Kreis hat einen Umfang von 60 cm. Wie groß ist seine Fläche?

5
Vergleiche den Umfang und den Flächeninhalt von zwei Kreisen, von denen der kleinere einen genau halb so großen Radius hat wie der größere. Was stellst du fest?

1

Jana liest die Werbung eines neuen Mobilfunkunternehmens. „Günstig rund um die Uhr in alle Netze telefonieren."

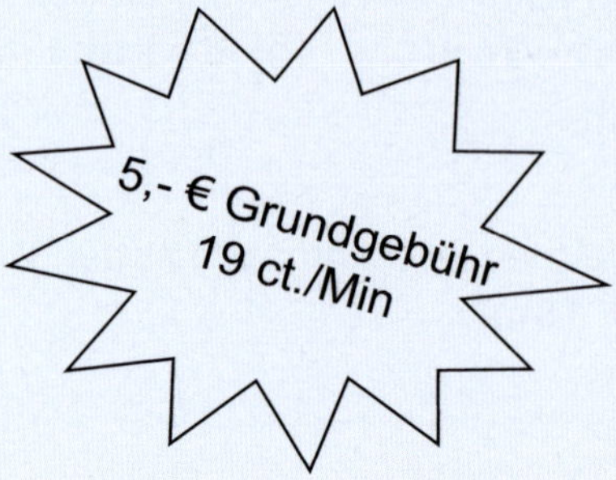

a) Letzten Monat hat Jana 27 min. telefoniert. Wie teuer wäre die Rechnung?

b) Wie lange könnte Jana mit einem Startguthaben von 15 € telefonieren?

Punkte: max. 2

2

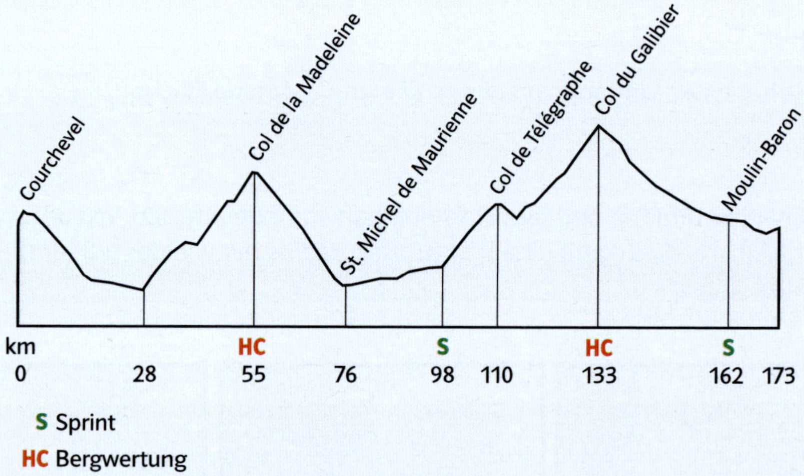

a) Beschreibe das Streckenprofil der 11. Tour-de-France-Etappe von Courchevel nach Briançon in Worten.

b) Nach wie vielen km gibt es Sprintwertungen?

c) Wann ist der höchste Punkt der Etappe erreicht?

Punkte: max. 3

3

Januar	0,5°
Februar	1,2°
März	4,6°
April	8,7°
Mai	13,9°
Juni	16,6°
Juli	18,4°
August	17,8°
September	13,6°
Oktober	9,1°
November	4,4°
Dezember	1,8°

a) Stelle die monatlichen Durchschnittstemperaturen von Berlin in einem Diagramm dar. Wähle einen geeigneten Ausschnitt.
b) Berechne die jährliche Durchschnittstemperatur von Berlin.

Punkte: max. 3

4

An einer Tankstelle sind die Preisanzeigen defekt. Für 35 Liter Bleifrei zahlt Herr Schäfer 43,75 €. Wie viel kosten 50 l?

Punkte: max. 2

5

Bauer Klaus möchte seinen 35 m langen und 18 m breiten, rechteckigen Acker gegen einen gleichgroßen Acker mit einer Seitenlänge von 15 m tauschen.
a) Wie lang ist die andere Seite?
b) Wie lang müsste die andere Seite sein, wenn die Breite 14 m ist?

Punkte: max. 2

6

Löse die Gleichungen.
a) $3x + 5 = 17$ b) $4x - 3 = 19$ c) $27 - 0{,}5x = 13$ d) $5x - 3 = 2x$

Punkte: max. 4

7

Kerstin hat zwei Handy-Verträge zur Auswahl. Sie telefoniert im Schnitt ca. 80 min pro Monat. Welchen Vertrag sollte sie wählen?

①
Grundgebühr: 5 €
jede Minute: 0,39 €

②
Grundgebühr: 9,95 €
jede Minute: 19 ct

Punkte: max. 4

8

Eine kleine Pizza hat einen Durchmesser von 26 cm.

a) Wie groß muss eine Schachtel mindestens sein, damit die Pizza hinein passt?

b) Pizzabäcker Napoli möchte den Boden der Schachtel mit einer runden Serviette auslegen. Welche Fläche hat die Serviette?

Punkte: max.2

9

Berechne

a) Umfang und

b) Flächeninhalt der Kreisfigur.

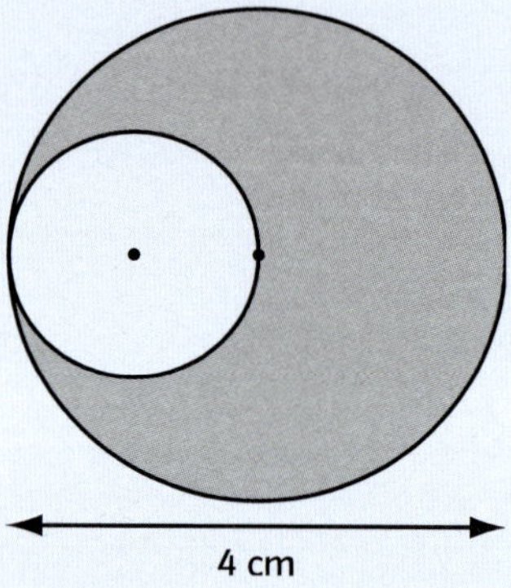

Punkte: max.2

Gesamtpunkte: max.24

Aufgaben Nummer	erreichte Punktzahl von (...)	Lernerfolg	Lerneinheit abhaken ✓
2	_____ (3)	Bei dieser Aufgabe musstest du eine Grafik in Worten beschreiben. Ist es dir gelungen? Dann kannst du das Thema „Abhängigkeiten beschreiben" abhaken.	6.1
3	_____ (3)	Hast du das Diagramm richtig gezeichnet und auch die Achsen beschriftet? Dann bist du fit beim Darstellen von Abhängigkeiten.	6.2
4 5	_____ (2) _____ (2)	Diese Aufgaben konntest du mit dem „Je-mehr-desto-mehr-Dreisatz" lösen.	6.3 6.4
6	_____ (4)	Wenn du volle Punktzahl hast, ist das ein Zeichen dafür, dass du das Lösen von Gleichungen beherrschst.	6.5
1 7	_____ (2) _____ (4)	Diese Aufgaben gehören zum Thema „Gleichungen". Ist dir die Lösung dieser Aufgaben gelungen, kannst du das Unterkapitel abhaken.	6.5
8	_____ (2)	Bei dieser Aufgabe musstest du den Flächeninhalt von Kreisen berechnen können.	6.7
9	_____ (2)	Hast du den Umfang und Flächeninhalt dieser Figur richtig berechnet, kannst du alle Abschnitte zur Kreisberechnung abhaken.	6.6 6.7

19 – 24 Punkte	13 – 18 Punkte	7 – 12 Punkte	0 – 6 Punkte
Prima, du hast dieses Kapitel gut verstanden! Du bist am Ende angekommen. Weiter viel Erfolg!	Das klappt ja schon recht ordentlich! Du beherrscht einiges, aber es könnte noch besser sein. Wiederhole die Abschnitte noch einmal, die in deiner Checkliste nicht abgehakt sind.	Einiges hast du schon ganz gut gelöst, insgesamt sind deine Lücken aber noch zu groß. Wiederhole die Abschnitte noch einmal, die in deiner Checkliste nicht abgehakt sind.	Es gibt bei dir noch sehr viele Unsicherheiten. Du musst noch mehr üben! Wiederhole am besten die Abschnitte noch einmal.

WARUM FÄLLT MEIN BROT IMMER AUF DIE MARMELADENSEITE?
WAS IST DER SINN DES LEBENS?
WAS IST DIE LÖSUNG FÜR AUFGABE 3 AUF SEITE 54?
ALSO, ZUMINDEST AUF DIE LETZTE FRAGE KANN ICH EUCH DIE ANTWORT GEBEN.

Lösungen

1 Rationale Zahlen

1.1 Brüche und Anteile

1

a) $\frac{4}{6}$ (vier Sechstel); $\frac{2}{5}$ (zwei Fünftel); $\frac{9}{16}$ (neun Sechzehntel); nicht gefärbt sind $\frac{2}{6}$; $\frac{3}{5}$; $\frac{7}{16}$.

b) $\frac{15}{18}$ (fünfzehn Achzehntel); $\frac{5}{8}$ (fünf Achtel); $\frac{11}{12}$ (elf Zwölftel); nicht gefärbt sind $\frac{3}{18}$; $\frac{3}{8}$; $\frac{1}{12}$.

2

a)

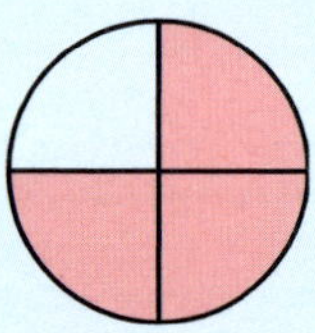
$\frac{3}{4}$;
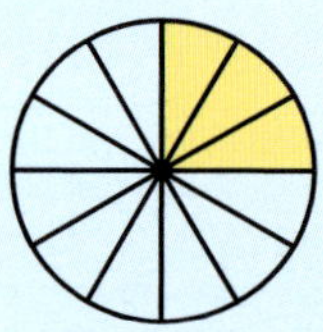
$\frac{3}{12}$;
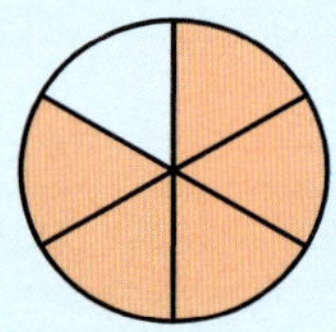
$\frac{5}{6}$;
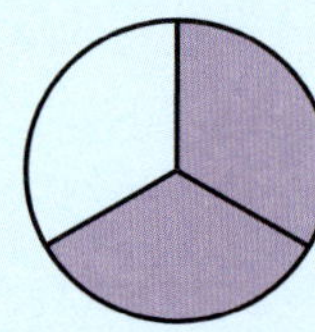
$\frac{2}{3}$

b)

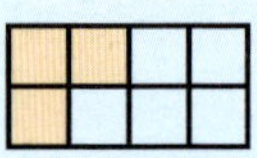
$\frac{3}{8}$;
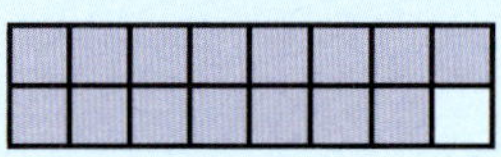
$\frac{15}{16}$;
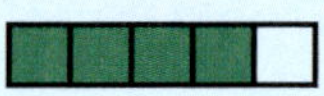
$\frac{4}{5}$;
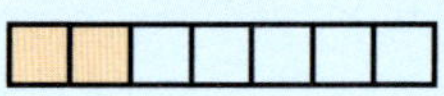
$\frac{2}{7}$;
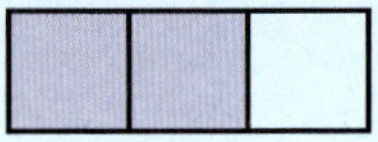
$\frac{2}{3}$

c) Die Länge der Strecke sollte durch den Nenner teilbar sein.
Tipp: Besonders einfach geht das, wenn die Streckenlänge dem Nenner entspricht!

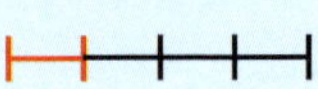
$\frac{1}{4}$;
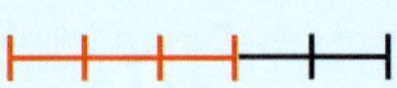
$\frac{3}{5}$;
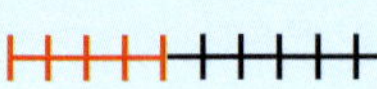
$\frac{4}{10}$;
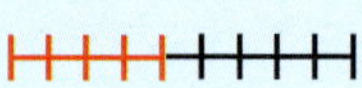
$\frac{4}{9}$;
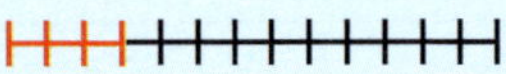
$\frac{3}{13}$

3

Deine Figuren können anders aussehen. Wichtig ist, dass die Anzahl der Teile stimmt.

a)

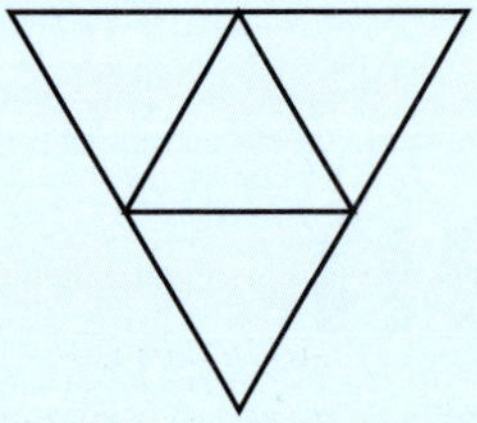

b)

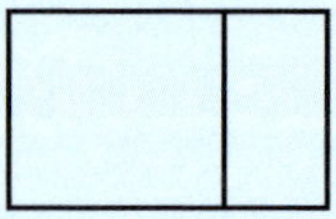

c)

4
a) falsch, da die Teile nicht gleich groß sind. b) richtig c) falsch, da nur $\frac{5}{8}$ gefärbt sind.

1.2 Brüche und gemischte Zahlen

1
a) $\frac{7}{2}$ b) $\frac{28}{5}$ c) $\frac{70}{9}$ d) $\frac{84}{8} = \frac{21}{2}$ e) $\frac{127}{15}$ f) $\frac{225}{100} = \frac{9}{4}$ g) $\frac{41}{3}$ h) $\frac{82}{12} = \frac{41}{6}$

2
a) Jedes Kind erhält $\frac{4}{3}$. b) Jedes Kind bekommt $\frac{9}{12}\left(=\frac{3}{4}\right)$. c) Jedes Kind erhält $\frac{6}{4}\left(=1\frac{1}{2}\right)$.

3
a) $2\frac{1}{3}$ b) $2\frac{1}{2}$ c) $2\frac{7}{10}$ d) $11\frac{1}{4}$ e) $8\frac{3}{5}$ f) $4\frac{5}{6}$ g) $5\frac{4}{7}$ h) $9\frac{1}{8}$

4
a) $8\frac{5}{16}$ b) $28\frac{10}{23}$ c) $21\frac{30}{35}$ d) $136\frac{20}{62}$

5
a) $1\frac{3}{8}$ b) $2\frac{1}{4}$ c) $3\frac{2}{9}$ d) $4\frac{5}{6}$

1.3 Bruchteile von Größen

1
Z. B.: Eine Schulstunde dauert $\frac{3}{4}$ h, also 45 min; $\frac{1}{4}$ l Milch sind 250 ml.

2
a) 500 m; 75 cm; 1 cm
b) 30 min; 45 min; 20 min
c) 875 g; 250 kg; 800 mg
d) 5 dm^2; 6 cm^2; 25 a

3
Suche die nächstgrößere Einheit und überlege, wie oft die kleinere Einheit in die größere passt. Diese Zahl schreibst du in den Nenner, die urprüngliche Maßzahl in den Zähler. Kürze dann soweit möglich.
a) $\frac{1}{2}$ dm; $\frac{1}{10}$ m; $\frac{1}{4}$ km
b) $\frac{3}{8}$ kg; $\frac{3}{4}$ t; $\frac{1}{5}$ g

4

Kontrolliere dich selbst. Wenn du z.B. 130 cm groß bist, wäre deine Hand $\frac{130}{10}$ = 13 cm groß, dein Fuß $\frac{130}{7}$ cm ≈ 19 cm usw.

5

Eine 4 oder schlechter haben 14 von 24 Schülern, also $\frac{14}{24}$ geschrieben. $\frac{2}{3}$ von 24 Schülern sind aber 16 Schüler, also hat der Lehrer nicht Recht.

6

Miss jeweils die Grundseite und Höhe des großen und des abgeschnittenen Dreiecks. Du erhältst $A_{groß} = 4\,cm \cdot 4\,cm : 2 = 8\,cm^2$ und $A_{klein} = 2\,cm \cdot 2\,cm : 2 = 2\,cm^2$.
Das kleine Dreieck ist im Verhältnis zum großen Dreieck $\frac{2}{8} = \frac{1}{4}$.

1.4 Erweitern und Kürzen von Brüchen

1

a) $\frac{1}{4} = \frac{2}{8} = \frac{3}{12} = \frac{5}{20} = \frac{6}{24} = \frac{10}{40}$

b) $\frac{3}{2} = \frac{6}{4} = \frac{9}{6} = \frac{15}{10} = \frac{18}{12} = \frac{30}{20}$

c) $\frac{4}{7} = \frac{8}{14} = \frac{12}{21} = \frac{20}{35} = \frac{24}{42} = \frac{40}{70}$

d) $\frac{6}{11} = \frac{12}{22} = \frac{18}{33} = \frac{30}{55} = \frac{36}{66} = \frac{60}{110}$

2

a) $\frac{1}{2} = \frac{8}{16}$; $\frac{3}{4} = \frac{12}{16}$; $\frac{2}{1} = \frac{32}{16}$; $\frac{5}{8} = \frac{10}{16}$

b) $\frac{3}{10} = \frac{6}{20}$; $\frac{2}{5} = \frac{8}{20}$; $\frac{3}{4} = \frac{15}{20}$; $\frac{3}{2} = \frac{30}{20}$

3

a) $\frac{4}{16} = \frac{2}{8} = \frac{1}{4}$

b) $\frac{15}{60} = \frac{5}{20} = \frac{3}{12} = \frac{1}{4}$

c) $\frac{20}{80} = \frac{10}{40} = \frac{5}{20} = \frac{4}{16} = \frac{2}{8} = \frac{1}{4}$

d) $\frac{21}{28} = \frac{3}{4}$

4

a) $\frac{1}{4}$ b) $\frac{4}{5}$ c) $\frac{2}{3}$ d) $\frac{3}{4}$

5

a) $\frac{3}{4} = \frac{6}{8}$ b) $\frac{13}{20} = \frac{39}{60}$ c) $\frac{20}{24} = \frac{5}{6} = \frac{35}{42}$

6

a) Achte darauf, dass die Zahl im Nenner nicht durch 5 teilbar ist, also dass sie als letzte Ziffer keine 0 oder 5 hat, z.B. $\frac{5}{7}$; $\frac{5}{9}$; $\frac{5}{11}$.

b) Im Zähler muss 12 stehen und im Nenner ein Vielfaches von 12, z.B. $\frac{12}{24}$.

7

a) $\frac{10}{15} = \frac{2}{3}$ b) richtig c) $\frac{2}{4} = \frac{1}{2}$

8

a) falsch, der Wert ändert sich nicht, da der Bruch nur mit 2 erweitert wird.
b) richtig
c) falsch, man kann ihn kürzen, wenn der Nenner ein Vielfaches des Zählers ist, z. B. $\frac{3}{9} = \frac{1}{3}$.

1.5 Brüche und Prozente

1

a) $5\,\% = \frac{5}{100} = \frac{1}{20}$ b) $60\,\% = \frac{60}{100} = \frac{3}{5}$ c) $70\,\% = \frac{70}{100} = \frac{7}{10}$ d) $85\,\% = \frac{85}{100} = \frac{17}{20}$

e) $200\,\% = \frac{200}{100} = 2$ f) $2\,‰ = \frac{2}{1000} = \frac{1}{500}$ g) $5\,‰ = \frac{5}{1000} = \frac{1}{200}$ h) $20\,‰ = \frac{20}{1000} = \frac{1}{50}$

i) $100\,‰ = \frac{100}{1000} = \frac{1}{10}$ j) $300\,‰ = \frac{300}{1000} = \frac{3}{10}$

2

a) $\frac{1}{100} = 1\%$ b) $\frac{1}{10} = 10\,\%$ c) $\frac{1}{2} = 50\,\%$ d) $\frac{1}{4} = 25\,\%$ e) $\frac{3}{4} = 75\,\%$

f) $\frac{1}{5} = 20\,\%$ g) $\frac{2}{5} = 40\,\%$ h) $\frac{1}{20} = 5\,\%$ i) $\frac{1}{25} = 4\,\%$ j) $\frac{1}{50} = 2\,\%$

3

a) 17 % b) 80 % c) 60 % d) 20 % e) 68 %

4

a) $\frac{35}{50} = 70\,\%$ b) $\frac{7}{20} = 35\,\%$ c) $\frac{16}{25} = 64\,\%$

5

a) Weg 1 ist der billigste.
b) Dirk geht über die Brücke und über den Berg zum Ziel.

6

Gas	Edelgase	Kohlendioxid	Sauerstoff	Stickstoff
in 5000 g Luft	50 g	15 g	1050 g	3900 g
Anteil in %	**1 %**	**0,3 % = 3 ‰**	**21 %**	**78 %**

7

a) 57 g b) 24 € c) $11\,m^2$ d) 3000 m e) 50 ct

f) 9 € g) 5 g h) 2 €

8

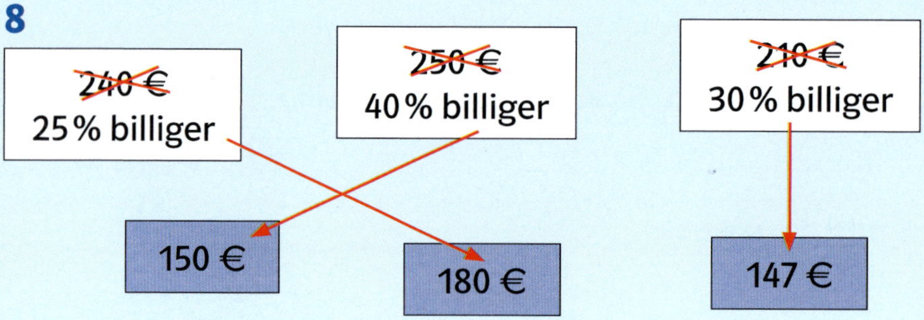

9

Man müsste noch wissen, wie viele Fahrzeuge insgesamt über jede Straße gefahren sind.

1.6 Dezimalzahlen – Dezimalbrüche

1

a) $\frac{572}{100}$ b) $\frac{101}{1000}$ c) $\frac{2114}{100}$ d) $\frac{93}{1000}$ e) $\frac{99}{100}$ f) $\frac{23\,456}{10\,000}$ g) $-\frac{15}{10}$ h) $-\frac{3}{100}$

2

a) 0,25; 0,5; 0,75

b) 0,125; 0,375; 0,625; 0,875

c) 0,2; 0,4; 0,6; 0,8

d) 0,2; 0,3; 0,4; 0,5; 0,6; 0,7; 0,8

3

a) $0{,}1 = \frac{1}{10} = 10\,\%$ b) $0{,}25 = \frac{1}{4} = 25\,\%$ c) $\frac{1}{8} = 0{,}125 = 12{,}5\,\%$ d) $60\,\% = 0{,}6 = \frac{6}{10}$

1.7 Dezimalschreibweise bei Größen

1

a) $1\,000\,000\,mm^2$; $10\,000\,cm^2$; $100\,dm^2$; $1\,m^2$; 0,01 a; 0,0001 ha

b) 50 000 mm; 5000 cm; 500 dm; 50 m; 0,05 km

c) 200 000 mg; 200 g; 0,2 kg

2

a) 0,2 dm
b) 0,035 kg
c) 0,031 cm^2
d) 7,32 m^2
e) 0,045 ha
f) 0,705 cm
g) 0,27 l
h) 0,05 €

3

a) 72 ct
b) 20 m^2
c) 1750 cm^3
d) 875 ml
e) 0,3 dm
f) 2080 g
g) 2100 dm^3
h) 70,1 ha

4

a) 802 m^2
b) 0,0379 dm^3
c) 12 130 m
e) 0,083 l
f) 6100 m^2
g) 0,015 m

5

a) 17 cm
b) 510 a
c) 2700 g
d) 31 cm
e) 50 cm^3
f) 299 ct
g) 1750 ml
h) 20 m

6

a) 5,93 ha
b) 2,15 l
c) 1,375 kg
d) 5,002 m^3
e) 72,05 m^2
f) 2,007 t
g) 25,09 €
h) 42,05 dm

1.8 Rationale Zahlen

1

Z $\frac{18}{48} = \frac{3}{8} = 0{,}375$ < A $\frac{9}{18} = \frac{1}{2} = 0{,}5$ < H $\frac{18}{30} = \frac{3}{5} = 0{,}6$ < L $\frac{9}{12} = \frac{3}{4} = 0{,}75$ < E $\frac{20}{25} = \frac{4}{5} = 0{,}8$ <

N $\frac{49}{56} = \frac{7}{8} = 0{,}875$. Es ergibt sich das Wort ZAHLEN.

2

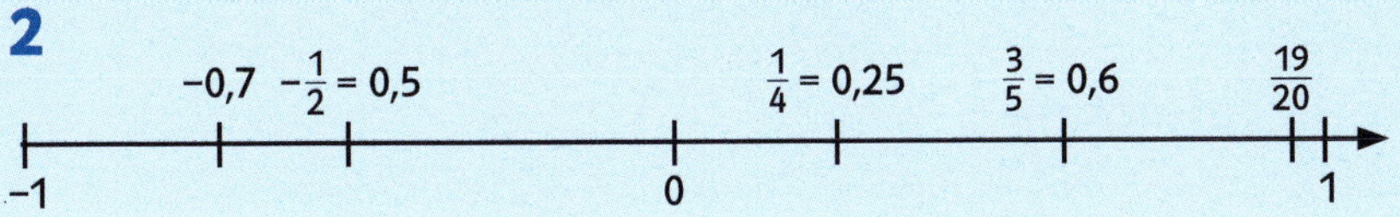

3

a) Ein Strich auf der Zahlengeraden entspricht $\frac{1}{18}$. Die Strecke von 0 bis 1 entspricht $\frac{18}{18}$.

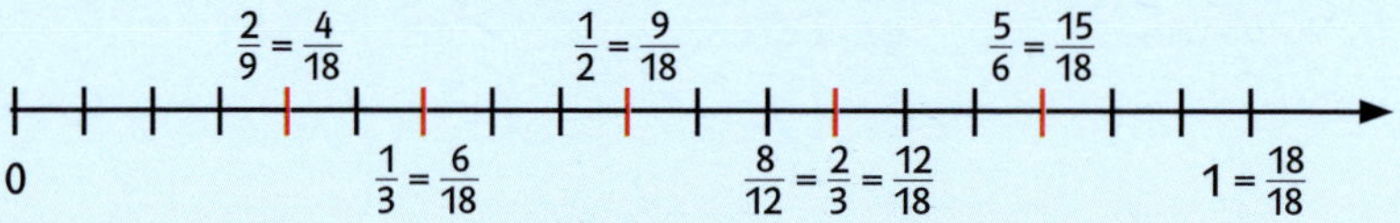

b) Ein Strich entspricht $\frac{1}{20}$. Die Strecke von 0 bis 1 entspricht $\frac{20}{20}$.

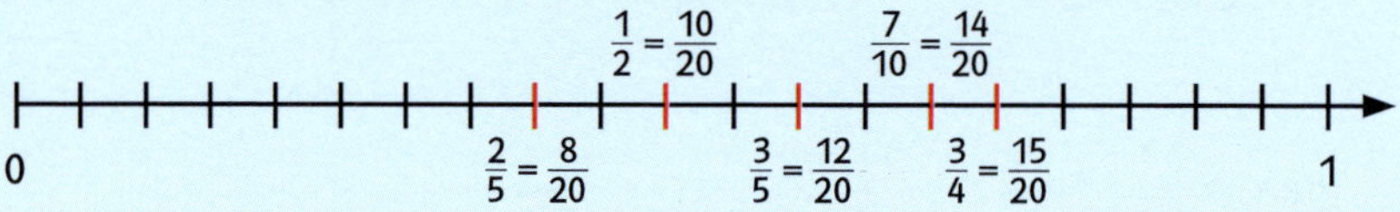

4

Hier sind nur Beispiele gegeben. Du musst deine Lösungen selbst kontrollieren.

a) $\frac{5}{2}; \frac{11}{5}; \frac{9}{4}$ b) $\frac{1}{4}; \frac{1}{3}; \frac{1}{5}$ c) $\frac{9}{12} = \frac{3}{4}; \frac{13}{18}; \frac{17}{24}$ d) $\frac{1}{2}; \frac{3}{4}; \frac{3}{5}$

5

Hier musst du die Zahlen so erweitern, dass sie den gleichen Nenner besitzen. Addiere dann die Zähler und teile die Summe durch 2. So erhältst du den Zähler der in der Mitte liegenden Zahl. Der Nenner bleibt gleich.

Achtung: Erweitere so, dass im Zähler keine Kommazahl steht.

a) $4{,}5 = \frac{9}{2}$ b) $\frac{1}{4} = \frac{2}{8}; \frac{1}{2} = \frac{4}{8}$, also liegt $\frac{3}{8}$ in der Mitte.

c) $\frac{7}{24}$ d) $\frac{17}{35}$

6

a) und b) Bruchzahlen haben keinen Vorgänger und keinen Nachfolger, denn durch geeignetes Erweitern findet man immer eine Bruchzahl, die in der Mitte von zwei Bruchzahlen liegt (siehe auch Aufgabe 4 und 5). Die Bruchzahlen liegen dicht.

1.9 Ordnen und Vergleichen

1

a) $\frac{3}{4} < \frac{4}{5}$ b) $\frac{2}{3} = \frac{8}{12}$ c) $\frac{18}{45} > \frac{15}{40}$ d) $\frac{35}{42} < \frac{49}{56}$

e) $1{,}22 > 1{,}15$ f) $0{,}8 < 0{,}81$ g) $3{,}4 = 3{,}40$ h) $0{,}720 < 0{,}7201$

2

a) FRIDOLIN $0{,}05 < 0{,}052 < 0{,}15 < 0{,}2 < 0{,}3 < 0{,}31 < 0{,}5 < 0{,}55$

b) WILLI $\frac{3}{9} < \frac{2}{5} < \frac{13}{26} = \frac{1}{2} < \frac{10}{18} = \frac{5}{9} < \frac{12}{15} = \frac{4}{5}$

3

1. Justin Gatlin
2. Francis Obikwelu
3. Maurice Green
4. Shawn Crawford
5. Asafa Powell
6. Kim Collins
7. Obadele Thompson

4

a) Hier kannst du alle Ziffern, die größer als 5 sind, einsetzen.

b) Hier gehen 2, 1 und 0.

c) alle Zahlen größer als 2

d) 0

e) alle Zahlen von 3 bis 9

5

a) $\frac{4}{7} > \frac{4}{8}$, da die Anzahl gleich ist, aber die Stücke unterschiedlich groß sind.

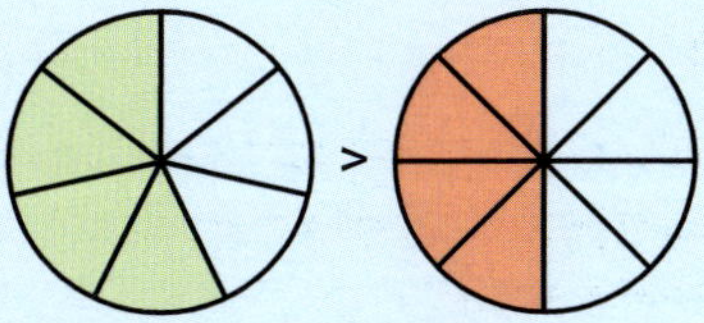

b) $\frac{13}{15} < \frac{12}{11}$, da $\frac{13}{15} < 1$ und $\frac{12}{11} > 1$ ist.

c) $\frac{4}{5} > \frac{18}{35}$, da $\frac{4}{5}$ ziemlich nah an 1 ist und $\frac{18}{35}$ nur knapp größer als $\frac{1}{2}$ ist.

6

Daniel hat $\frac{21}{84} = \frac{1}{4}$ doppelte Sticker, Melina $\frac{16}{72} = \frac{2}{9}$. Da $\frac{2}{9} < \frac{1}{4}$, hat Melina das bessere Päckchen.

1.10 Zufälle, Chancen und Wahrscheinlichkeiten

1

a) $\frac{1}{8}$ b) $\frac{1}{12}$ c) $\frac{1}{9}$

2

a) $\frac{1}{20}$ b) $\frac{1}{12}$ c) $\frac{1}{8}$

3

a) $\frac{1}{32}$ b) $\frac{8}{32} = \frac{1}{4}$ c) $\frac{16}{32} = \frac{1}{2}$ d) $\frac{4}{32} = \frac{1}{8}$

4

a) $\frac{1}{37}$ (Achtung: Die Null gehört auch dazu.)

b) $\frac{18}{37}$ c) $\frac{4}{37}$ d) $\frac{3}{37}$ e) $\frac{12}{37}$

5

a) $\frac{15}{29}$ (Es gibt noch insgesamt 32 – 3 = 29 Karten, davon sind 16 – 1 = 15 rot)

b) $\frac{2}{29}$ c) $\frac{6}{29}$ (Es gibt noch 2 Asse und 4 Zehnen) d) $\frac{11}{29}$

6

a) Würfeln: $\frac{1}{6}$ Roulette: $\frac{12}{37}$

$\frac{12}{37} > \frac{1}{6}$, also ist es wahrscheinlicher, eine der Zahlen untereinander beim Roulette zu erhalten.

b) Lose: $\frac{16}{128}$ Skat: $\frac{4}{32}$

Da $\frac{16}{128} = \frac{1}{8} = \frac{4}{32}$, ist die Wahrscheinlichkeit, beim Losen einen Gewinn zu ziehen, gleich groß.

c) Geburtstag: $\frac{3}{12}$ Würfeln: $\frac{2}{6}$

Da $\frac{3}{12} = \frac{1}{4} < \frac{2}{6} = \frac{1}{3}$, ist die Wahrscheinlichkeit größer, beim Würfeln eine Zahl größer als 4 zu werfen.

7

In Topf a) beträgt die Gewinnwahrscheinlichkeit $\frac{3}{20}$, in Topf b) $\frac{7}{40}$ und in Topf c) $\frac{10}{50}$.
Da $\frac{3}{20} = \frac{6}{40} < \frac{7}{40} < \frac{8}{40}$ ist die Gewinnwahrscheinlichkeit in Topf c) am größten.

1.11 Anwendungsaufgaben

1

blau: $\frac{6}{24} = \frac{1}{4}$;
gelb: $\frac{9}{24}$;
grün: $\frac{7}{24}$;
rot: $\frac{2}{24} = \frac{1}{12}$

2

a) Katharina = Sarah < Philipp < Yannick < Mario

b) Insgesamt sind $20 \cdot 8 = 160$ Brötchen gemacht worden, davon hat Sarah 20 B., Philip 32 B., Yannick 40 B. und Mario 48 B. gemacht.

3

a) Olga erhielt 8, Kimberley 12 und Björn 10 Stimmen. Es haben also zwei Schülerinnen oder Schüler nicht mit abgestimmt.

b) Kimberley hat die Wahl gewonnen.

4

a) $32\,\% = \frac{32}{100} = \frac{8}{25}$. $250\,\text{g} : 25 \cdot 8 = 80\,\text{g}$. Das 250 g-Stück Parmesan enthält also 80 g Fett.

b) $70\,\% = \frac{7}{10}$. $50\,\text{kg} : 10 \cdot 7 = 35\,\text{kg}$. Ein Mensch mit einem Körpergewicht von 50 kg enthält ungefähr 35 kg Wasser.

5

a) Ein DIN A3-Blatt besteht aus 4 DIN A5-Blättern (8 DIN A6-Blättern). Die Bruchteile sind also $\frac{1}{4}$ und $\frac{1}{8}$.

b) 2 DIN A7-Blätter: $\frac{2}{8} = \frac{1}{4}$, 2 DIN A8-Blätter: $\frac{2}{16} = \frac{1}{8}$.

Test

1

a) $\frac{2}{8}$

b) $\frac{3}{8}$ 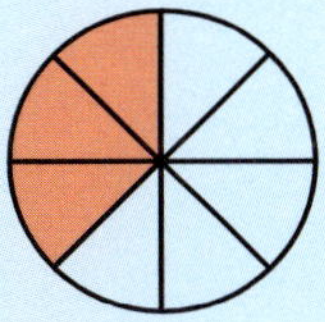 ; $\frac{4}{7}$ 

(je 1 P.)

c) 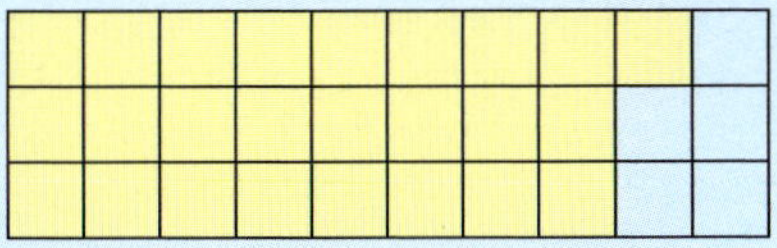

2

Im ersten Topf beträgt die Gewinnwahrscheinlichkeit $\frac{2}{14} = \frac{1}{7}$, im zweiten Topf $\frac{3}{18} = \frac{1}{6}$.
Da $\frac{1}{6} > \frac{1}{7}$, ist die Gewinnwahrscheinlichkeit im zweiten Topf größer.

3

a) $508{,}50\,\text{dm}^2$; $565{,}5\,\text{m}^2$; $570\,\text{m}^2$

b) Grundstück 2 ist das größte. (je 1 P.)

4

a) 5 % b) 75 % c) 68 % d) 87,5 % (je 1 P.)

5

a) Eine 3 oder besser hatten $\frac{17}{30}$, das ist mehr als die Hälfte. (r)
b) Schlechter als 4 waren $\frac{7}{30}$, das sind mehr als $\frac{1}{5} = \frac{6}{30}$. (f)
c) Eine 2 oder 3 hatten $\frac{14}{30} = \frac{7}{15} \neq \frac{1}{3}$. (f)
d) $\frac{3}{30} = \frac{1}{10} = 10\,\%$ hatten eine 1. (r) (je 1 P.)

6

a) 2,07 m = 207 cm b) 480 mg = 0,48 g
c) 0,5 ha = 50 a d) 81 972 cm^3 = 81,972 dm^3 (je 1 P.)

7

Rechnung: 20 % von 150 € sind 30 €.
Der reduzierte Preis beträgt also noch 120 €. Davon gehen nochmals 10 % weg, das sind 12 €.
Der Artikel kostet jetzt also noch 108 €.

8

Jörg bekommt $\frac{4}{12}$ Taschengelderhöhung. Anne $\frac{5}{20}$.

Da $\frac{4}{12} = \frac{1}{3} > \frac{5}{20} = \frac{1}{4}$, bekommt Jörg anteilsmäßig eine größere Taschengelderhöhung.

2 Addieren und Subtrahieren von rationalen Zahlen

2.1 Addieren und Subtrahieren von gleichnamigen Brüchen

1

a) $\frac{6}{8} = \frac{3}{4}$ b) $\frac{7}{5}$ c) $\frac{12}{10} = \frac{6}{5}$ d) $\frac{25}{15} = \frac{5}{3}$ e) $\frac{9}{18} = \frac{1}{2}$ f) $\frac{28}{7} = 4$

2

$\frac{13}{4}\,h = 3\frac{1}{4}\,h$

3

a) $\frac{65}{60}\,min = 1\frac{5}{60}\,min = 1\,min\ 5\,s$ $48\,s + 17\,s = 65\,s = 1\,min\ 5\,s$

b) $\frac{10}{8}\,l = 1\frac{2}{8}\,l = 1\frac{1}{4}\,l = 1{,}25\,l$ $375\,ml + 875\,ml = 1250\,ml = 1\,l\ 250\,ml = 1\frac{1}{4}\,l$

c) $\frac{450}{1000}\,t = 450\,kg$ $1250\,kg - 800\,kg = 450\,kg$

d) $\frac{15}{10}\,kg = 1\frac{5}{10}\,kg = 1\frac{1}{2}\,kg = 1{,}5\,kg$ $800\,g + 500\,g + 200\,g = 1500\,g = 1{,}5\,kg$

4

a) $\frac{7}{15} + \frac{11}{15} = \frac{18}{15} = 1\frac{3}{15}$ b) $\frac{3}{11} + \frac{3}{11} = \frac{6}{11}$ c) $\frac{4}{9} + \frac{2}{9} = \frac{6}{9} = \frac{2}{3}$

5

a) $\frac{11}{8} + \frac{3}{8} - \frac{7}{8} = \frac{7}{8}$ b) $\frac{5}{10} - \frac{5}{10} = \frac{0}{10}$ c) $\frac{17}{50} + \frac{24}{50} = \frac{41}{50}$

6

Daniel gibt $\frac{1}{5}$, also 0,70 € und $\frac{4}{7}$, also 2 € aus und kann 3,50 € – 2,70 € = 0,80 € pro Woche sparen. In vier Wochen kann er 0,80 € · 4 = 3,20 € sparen. Das Geld reicht also für die Zeitung.

2.2 Addieren und Subtrahieren von Brüchen

1

a) $\frac{2\cdot 3}{3\cdot 3}+\frac{4}{9}=\frac{6+4}{9}=\frac{10}{9}\left(=1\frac{1}{9}\right)$
b) $\frac{5\cdot 4}{7\cdot 4}+\frac{3\cdot 7}{4\cdot 7}=\frac{20+21}{28}=\frac{41}{28}\left(=1\frac{13}{28}\right)$
c) $\frac{47}{40}=\left(1\frac{7}{40}\right)$

d) $\frac{19}{22}$
e) $\frac{71}{20}\left(=3\frac{11}{20}\right)$
f) $\frac{47}{60}$
g) $\frac{31}{48}$
h) $\frac{29}{36}$

2

Kaa: $\frac{8}{24}\text{kg}+\frac{15}{24}\text{kg}+\frac{18}{24}\text{kg}=\frac{41}{24}\text{kg}$

Boa: $\frac{9}{36}\text{kg}+\frac{15}{36}\text{kg}+\frac{24}{36}\text{kg}+\frac{22}{36}\text{kg}=\frac{70}{36}\text{kg}=\frac{35}{18}\text{kg}$

3

Tipp: Mache die Brüche gleichnamig und rechne die Umkehraufgabe.

a) $\frac{8}{24}+\square=\frac{21}{24}$, also $\square=\frac{21}{24}-\frac{8}{24}=\frac{13}{24}$

b) $\frac{7}{30}$
c) $\frac{17}{30}$
d) $\frac{23}{48}$
e) $\frac{28}{8}+\frac{10}{8}=\frac{19}{4}$
f) $\frac{4}{9}$

4

a) $\frac{9}{8}-\frac{2}{3}=\frac{9\cdot 3}{24}-\frac{2\cdot 8}{24}=\frac{27-16}{24}=\frac{11}{24}$
b) $\frac{4}{5}+\frac{2}{3}=\frac{12}{15}+\frac{10}{15}=\frac{22}{15}$

5

Wenn du den gleichen Bruch von $\frac{3}{5}$ subtrahierst und zu $\frac{3}{5}$ addierst, erhältst du die gesuchten Bruchzahlen, z. B. $\frac{2}{5}$ und $\frac{4}{5}$, $\frac{1}{2}=\frac{5}{10}$ und $\frac{7}{10}$.

6

Addiere die getrunkenen Liter und subtrahiere das Ergebnis von 10 l.
Steffen bleiben $2\frac{31}{40}$ l übrig.

7

Die Schule muss $1-\frac{4}{10}-\frac{1}{3}=\frac{4}{15}$ zuschießen.

2.3 Addieren und Subtrahieren von gemischten Zahlen

1

a) $8\frac{7}{8}$ b) $7\frac{5}{6}$ c) $2\frac{6}{11}$ d) $8\frac{7}{12}$ e) $1\frac{39}{40}$ f) $12\frac{1}{6}$

2

+	$2\frac{1}{2}$	$4\frac{2}{3}$	$5\frac{2}{5}$	$4\frac{3}{4}$
$2\frac{1}{2}$	5	$7\frac{1}{6}$	$7\frac{9}{10}$	$7\frac{1}{4}$
$4\frac{2}{3}$	$7\frac{1}{6}$	$9\frac{1}{3}$	$10\frac{1}{15}$	$9\frac{5}{12}$
$5\frac{2}{5}$	$7\frac{9}{10}$	$10\frac{1}{15}$	$10\frac{4}{5}$	$10\frac{3}{20}$
$4\frac{3}{4}$	$7\frac{1}{4}$	$9\frac{5}{12}$	$10\frac{3}{20}$	$9\frac{1}{2}$

−	$2\frac{1}{2}$	$1\frac{2}{3}$	$2\frac{2}{5}$	$1\frac{3}{4}$
$2\frac{1}{2}$	0	$\frac{5}{6}$	$\frac{1}{10}$	$\frac{3}{4}$
$4\frac{2}{3}$	$2\frac{1}{6}$	3	$2\frac{4}{15}$	$2\frac{11}{12}$
$5\frac{2}{5}$	$2\frac{9}{10}$	$3\frac{11}{15}$	3	$3\frac{13}{20}$
$4\frac{3}{4}$	$2\frac{1}{4}$	$3\frac{1}{12}$	$2\frac{7}{20}$	3

3

Die Reise dauert $\frac{3}{2}h + \frac{1}{3}h + \frac{9}{4}h + \frac{3}{4}h + \frac{8}{3}h = 7\frac{1}{2}h$.

4

In Zauberquadraten ist die Summe der Zahlen in Spalten, Zeilen und Diagonalen jeweils gleich.

a)

$\frac{5}{6}$	$\frac{1}{4}$	$\frac{11}{12}$	$\frac{24}{12}$
$\frac{3}{4}$	$\frac{2}{3}$	$\frac{7}{12}$	$\frac{24}{12}$
$\frac{5}{12}$	$\frac{13}{12}$	$\frac{1}{2}$	$\frac{24}{12}$
$\frac{24}{12}$	$\frac{24}{12}$	$\frac{24}{12}$	$\frac{24}{12}$

b)

$\frac{27}{20}$	2	$\frac{29}{20}$	$\frac{96}{20}$
$\frac{17}{10}$	$1\frac{3}{5}$	$\frac{3}{2}$	$\frac{96}{20}$
$\frac{7}{4}$	$1\frac{1}{5}$	$\frac{37}{20}$	$\frac{96}{20}$
$\frac{96}{20}$	$\frac{96}{20}$	$\frac{96}{20}$	$\frac{96}{20}$

2.4 Runden und Darstellen von Dezimalzahlen

1

Runde auf	Zehntel	Hundertstel	Tausendstel	Zehntausendstel
4,15303	4,2	4,15	4,153	4,1530
3,09828	3,1	3,10	3,098	3,0983
9,95205	10,0	9,95	9,952	9,9521
0,96578	1,0	0,97	0,966	0,9658

2

Erinnere dich daran, was du über das Runden gelernt hast und über das Umrechnen von Größen!
$1\,\text{dm} = \frac{1}{10}\,\text{m} = 0{,}1\,\text{m}$. Also musst du auf die erste Stelle nach dem Komma runden.

a) 6,4 m b) 12,95 ha c) 8,980 t d) 0,29 mm e) 5,39 € f) 3,971 l

3

Berlin: 3,4 Mio
Hamburg: 1,7 Mio
München: 1,3 Mio
Köln: 1,0 Mio
Franfurt: 0,6 Mio

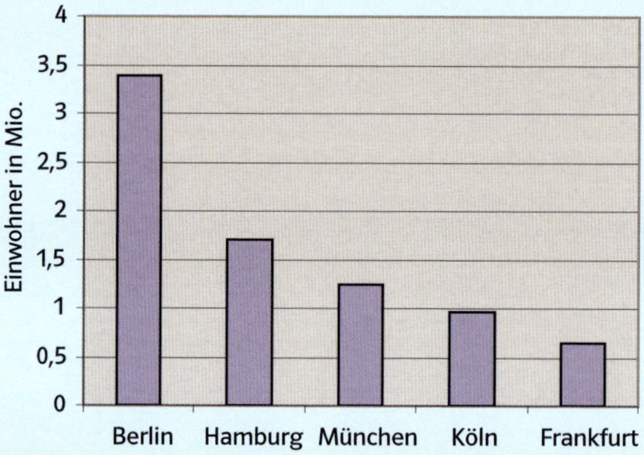

4

a) Drei Zahlen zwischen 5 und 14, z. B. 8, 11, 13.
b) Drei Zahlen zwischen 5,15 und 5,24.
c) Drei Zahlen zwischen 1,115 und 1,124.
d) Drei Zahlen zwischen 4,6455 und 4,6464.

5

Marias Schulranzen wiegt mindestens 5,45 kg und höchstens 5,54 kg.

6

Herr Schmid rechnet $50 \cdot 1{,}3\,€ = 50\,€ + 15\,€ = 65\,€$. Sein Geld reicht also.

2.5 Addieren und Subtrahieren von Dezimalzahlen

1

a) 4 b) 8 c) 26,9 d) 0,01 e) 4,6 f) 4,99 g) 8,6 h) 17,5

2

a) 39,874 Die Überschlagsrechnung wäre z. B.: 26 + 5 + 9 = 40.

b) 15,89 c) 5,171 d) 49,096

3

a) 5,95 + 1,25 = 7,2; 8,45; 9,7; 10,95; 12,2

b) 2,9; 3,5; 4,1; 4,7; 5,3

c) 5,5; 5,125; 4,75; 4,375; 4

4

Corinna ist in einer Woche 157,315 km gefahren.

5

a) 2,2 + 5,8 = 8,0 b) richtig c) 8,58 − 1,2 = 7,38

6

a) 7,4 b) 37,38 c) 160,28 d) 12,5

2.6 Geschicktes Rechnen – vermischte Aufgaben zum Addieren und Subtrahieren

1

a) $\frac{1}{4} + \frac{3}{4} + \frac{3}{5} = \frac{4}{4} + \frac{3}{5} = 1\frac{3}{5}$ b) $\frac{14}{9}\left(= 1\frac{5}{9}\right)$ c) $\frac{3}{2} + \frac{1}{2} + \frac{3}{7} = 2\frac{3}{7}$ d) $\frac{9}{4}\left(= 2\frac{1}{4}\right)$

2

a) Durch geschicktes Zusammenfassen und Kürzen kommst du ohne Erweitern zurecht:

$$\frac{4+8}{15} + \frac{2}{5} = \frac{\overset{4}{\cancel{12}}}{\underset{5}{\cancel{15}}} + \frac{2}{5} = \frac{6}{5}\left(= 1\frac{1}{5}\right)$$

b) $\frac{5}{3}\left(= 1\frac{2}{3}\right)$ Hier kannst du zusammenfassen, musst aber doch erweitern.

3

a) 14,7 b) 3 c) 11

4

a) Die drei größten Zahlen ergeben die größte Summe, also: $8{,}7 + 6{,}5 + 3{,}6 = 18{,}8$.
b) Die drei kleinsten Zahlen ergeben die kleinste Summe, also: $3{,}6 + 2{,}3 + 1{,}9 = 7{,}8$.
c) Nur die drei größten Zahlen ergeben in der Summe eine Zahl > 18 (vgl. Aufgabe a)).

5

Frau Maier muss die Preise auf Zehner aufrunden, addieren und so viele Cents abziehen, wie sie Preise hat, also $2 + 2 + 3{,}5 + 3 + 0{,}8 - 0{,}05 = 11{,}25$.

2.7 Anwendungsaufgaben

1

Wandle die Brüche in ml um und addiere dann die Einzelbestandteile. $\frac{3}{20}$ von 200 ml sind 30 ml, da $\frac{1}{20}$ von 200 ml gleich 10 ml ist. Du nimmst also 30 ml Kokossirup. Du brauchst außerdem 20 ml Sahne, 50 ml Ananassaft, 50 ml Orangensaft und 10 ml Grenadine. Das sind zusammen 160 ml. Du musst also noch 40 ml Wasser hinzufügen.

2

a) Es bleiben ihm $\frac{7}{20}$ seines Taschengelds übrig. b) Er kann monatlich 3,50 € sparen.

3

Familie Schmid hat 42,24 € für das Mittagessen ausgegeben.

4

Sein Geld recht ihm nicht ganz. Es fehlt noch $\frac{1}{60}$ des Kaufpreises.

Test

1

Für jede richtige Teilaufgabe darfst du dir 1 Punkt geben.

a) $\frac{23}{20}\left(=1\frac{3}{20}\right)$ b) $\frac{8}{5}\left(=1\frac{3}{5}\right)$ c) $\frac{11}{18}$ d) $\frac{2}{5}$ e) $7\frac{11}{12}$ f) $1\frac{2}{3}$

2

Auch hier gibt es für jede richtige Teilaufgabe 1 Punkt.

a) 81,966 b) 43,498

3

Jetzt hast du dir 2 Punkte für jede richtige Teilaufgabe verdient.

a) $2\frac{5}{7}$ b) 10,5

4

a) Eiffelturm ≈ 300 m; Cheopspyramide ≈ 140 m; Kölner Dom ≈ 160 m; Big Ben ≈ 100 m; Berliner Fernsehturm ≈ 370 m

b) Alle Bauwerke sind zusammen 1058,83 m = 1,05883 km hoch.

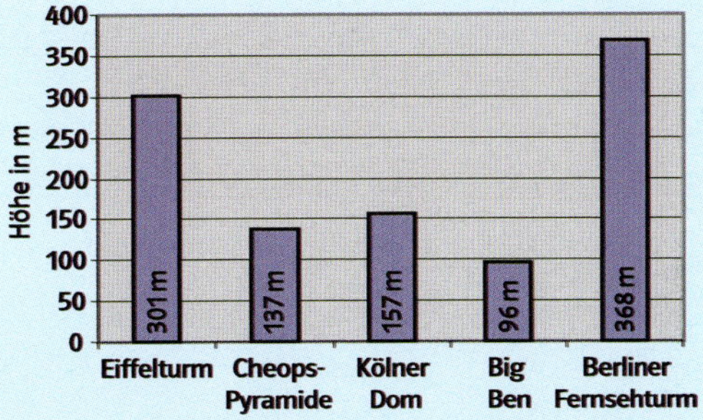

5

Du darfst dir für jede richtige Teilaufgabe 1 Punkt geben.

a) 0,41 | 0,36 | 0,33 | 0,28 | 0,27 | 0,23

b) 1,88 m

c) Der Bambus müsste noch 48,12 m wachsen.

d) Unter der Annahme, dass der Bambus weiterhin etwa 0,3 m am Tag wächst, dauert das Wachstum noch etwa 160 Tage.

6

Du darfst dir für jede richtige Teilaufgabe 1 Punkt geben.

a) 1,75 + 2,39 = 4,14 b) 3,20

c) Schule – Kaufhaus – Spielplatz – Schwimmbad: 1,69

d) Kirche – Bahnhof – Schwimmbad – Spielplatz (oder umgekehrt): 2,17

3 Multiplizieren und Dividieren von rationalen Zahlen

3.1 Vervielfachen und Teilen von Brüchen

1

a) $\frac{3}{8} \cdot 4 = \frac{12}{8} = \frac{3}{2}$ b) $\frac{18}{5}$ c) $\frac{11}{6}$ d) 30

e) $\frac{27}{2}$m f) $\frac{49}{5}$l g) $\frac{9}{2}$h h) 8 ha

2

a) $\frac{2}{9 \cdot 9} = \frac{2}{81}$ b) $\frac{7}{30}$ c) $\frac{2}{5}$ d) $\frac{7}{6}$

e) $\frac{1}{2}$ f) $\frac{3}{4}$ g) $\frac{9}{16}$ h) $\frac{1}{5}$

3

Bei diesen Aufgaben kannst du dir mit Umkehraufgaben helfen.

a) $\frac{4}{5}$ b) $\frac{12}{7} : 4 = \frac{3}{7}$ c) $\frac{1}{5}$ d) 3 e) 2 f) $\frac{15}{8}$

4

a) $\frac{3}{4}$l $\cdot 6 = \frac{18}{4}$l $= \frac{9}{2}$l $= 4\frac{1}{2}$l b) $\frac{3}{2}$l $: 3 = \frac{1}{2}$l

5

a) Die Schüler sind schon 10 km $\cdot \frac{4}{5}$ = 8 km gelaufen; sie müssen noch 2 km wandern.
b) Die Wanderung dauert insgesamt 2 h $\cdot \frac{5}{4} = \frac{10}{4}$h $= \frac{5}{2}$h $= 2\frac{1}{2}$h.
c) Die Rechnung stimmt, wenn die Schüler den ganzen Weg gleichmäßig wandern.

6

a) Der Turm ist $\frac{17}{8}$mm $\cdot 20 = \frac{85}{2}$mm $= 42\frac{1}{2}$mm hoch.

b) Sebastian ist $\frac{3}{4}$h $\cdot 9 = \frac{27}{4}$h $= 6\frac{3}{4}$h in der Schule.

3.2 Multiplizieren von Brüchen

1

a) $\frac{1}{3}$ b) $\frac{4}{15}$ c) $\frac{3}{28}$ d) $\frac{5}{7}$ e) $\frac{3}{5}$ f) $\frac{21}{104}$ g) 2 h) 1

2

·	$\frac{3}{10}$	$\frac{2}{3}$	$\frac{5}{8}$
$\frac{3}{4}$	$\frac{9}{40}$	$\frac{1}{2}$	$\frac{15}{32}$
$\frac{5}{6}$	$\frac{1}{4}$	$\frac{5}{9}$	$\frac{25}{48}$
$\frac{8}{5}$	$\frac{12}{25}$	$\frac{16}{15}$	1

3

a) $\frac{7}{4}\left(=1\frac{3}{4}\right)$ b) $\frac{64}{125}$ c) 1 d) $\frac{15}{8}\left(=1\frac{7}{8}\right)$

4

a) $\frac{5}{16}$kg b) $\frac{1}{15}$l c) $\frac{3}{5}$m

5

Lösungen sind zum Beispiel:

a) $\frac{4}{13}\cdot\frac{2}{3}$ b) $\frac{8}{7}\cdot\frac{4}{9}$ c) $\frac{4}{3}\cdot\frac{10}{7}$

6

a) Das Produkt wird ebenfalls halbiert.

b) Das Produkt wird viermal so groß.

c) Das Produkt ändert sich nicht.

d) Das Produkt ist nur noch $\frac{1}{2}\cdot\frac{1}{2}\cdot\frac{1}{2}=\frac{1}{8}$ so groß.

7

a) $\frac{9}{4}\text{dm}\cdot\frac{8}{27}\text{dm}=\frac{2}{3}\text{dm}^2$

b) $\frac{2}{18}\text{m}\cdot\frac{9}{2}\text{m}=\frac{1}{2}\text{m}^2$

c) $\frac{5}{3}\text{dm}\cdot\frac{7}{10}\text{dm}=\frac{7}{6}\text{dm}^2$

d) $\frac{1}{2}\cdot\frac{7}{8}\text{m}\cdot\frac{20}{21}\text{m}=\frac{5}{12}\text{m}^2$

8

a) $\frac{4}{3}\text{dm}\cdot\frac{2}{7}\text{dm}\cdot\frac{14}{5}\text{dm}=\frac{16}{15}\text{dm}^3$

b) $\frac{10}{3}\text{m}\cdot\frac{7}{8}\text{m}\cdot\frac{6}{5}\text{m}=\frac{7}{2}\text{m}^3$

3.3 Dividieren von Brüchen

1

a) $\frac{3}{\cancel{4}_1} \cdot \frac{\cancel{8}^2}{1} = 6$ b) $\frac{28}{5}$ c) $\frac{1}{20}$ d) $\frac{1}{2}$ e) 6 f) $\frac{35}{12}$ g) 1 h) $\frac{2}{3}$

2

a) $\frac{4}{3}$ b) $\frac{2}{5}$ c) $\frac{4}{3}$ d) $\frac{7}{11}$

3

:	$\frac{4}{3}$	$\frac{15}{12}$	$\frac{25}{24}$
$\frac{1}{2}$	$\frac{3}{8}$	$\frac{2}{5}$	$\frac{12}{25}$
$\frac{5}{4}$	$\frac{15}{16}$	1	$\frac{6}{5}$
$\frac{9}{8}$	$\frac{27}{32}$	$\frac{9}{10}$	$\frac{27}{25}$

4

a) $\frac{8}{9}\,\text{dm}^2 : \frac{2}{3}\,\text{dm} = \frac{8}{9} \cdot \frac{3}{2}\,\text{dm} = \frac{4}{3}\,\text{dm}$ b) $\frac{21}{8}\,\text{cm}^2 : \frac{7}{4}\,\text{cm} = \frac{3}{2}\,\text{cm}$ c) $2 \cdot \frac{15}{12}\,\text{m}^2 : \frac{5}{4}\,\text{m} = \frac{2 \cdot 15 \cdot 4}{12 \cdot 5}\,\text{m} = 2\,\text{m}$

5

a) $\frac{2}{15}\,\text{dm}^3 : \frac{8}{5}\,\text{dm}^2 = \frac{1}{12}\,\text{dm}$ b) $\frac{9}{20}\,\text{m}^3 : \left(\frac{6}{5}\,\text{m} \cdot \frac{4}{3}\,\text{m}\right) = \frac{9}{20}\,\text{m}^3 : \frac{8}{5}\,\text{m}^2 = \frac{9}{32}\,\text{m}$

6

a) $\frac{3}{2} : \frac{1}{4} = \frac{3}{2} \cdot 4 = 6$ b) $\frac{2}{3} : \frac{4}{1} = \frac{1}{6}$

3.4 Multiplizieren und Dividieren von gemischten Zahlen

1

a) $2\frac{2}{3} \cdot 2\frac{1}{4} = \frac{\cancel{8}^2}{\cancel{3}_1} \cdot \frac{\cancel{9}^3}{\cancel{4}_1} = 6$ b) $2\frac{11}{12}$ c) $3\frac{3}{5}$

2

a) $\frac{125}{608}$ b) $\frac{25}{9} = 2\frac{7}{9}$ c) 6

3

Tipp: Berechne die Umkehraufgaben.

a) $\square = 5\frac{3}{5} : 2\frac{2}{5} = 2\frac{1}{3}$ b) $\frac{5}{7}$ c) $1\frac{3}{4}$ d) $3\frac{1}{3}$

3.5 Doppelbrüche

1

a) $\frac{3}{4} : \frac{3}{2} = \frac{3}{4} \cdot \frac{2}{3} = \frac{1}{2}$ b) $\frac{2}{5}$ c) $\frac{2}{9}$ d) $\frac{1}{12}$ e) $\frac{80}{27}$

f) $\frac{6}{5}$ g) $\frac{2}{9}$ h) $\frac{8}{3}$ i) $\frac{2}{3}$ j) $\frac{8}{21}$

3.6 Multiplizieren und Dividieren mit Zehnerpotenzen

1

a) 356,4 b) 41,4 c) 4850 d) 2300 e) 25 f) 548 450

2

a) 4,2605 b) 0,0054 c) 0,00541 d) 0,07159 e) 2,1 f) 0,098231

3

$0{,}52 \cdot 10 = 520 : 100$; $5{,}2 : 10 = 52 : 100$; $0{,}052 \cdot 1000 = 5{,}2 \cdot 10$

4

a) $0{,}63 \cdot 1000 = 630$ b) $1{,}7 : 100 = 0{,}017$ c) $7{,}2 : 100 = 0{,}072$

d) $0{,}646 \cdot 10\,000 = 6460$ e) $0{,}45 : 100 = 0{,}0045$ f) $0{,}0809 \cdot 100 = 8{,}09$

5

Die neue Zahl erhältst du einfacher, wenn du die ursprüngliche Zahl mit 10 multiplizierst.

6

Vergleiche die Lösung zur Aufgabe 5.

a) 652,6 b) 18 400 c) 0,07550108 d) 0,09203

3.7 Multiplizieren von Dezimalzahlen

1

a) 1,5 b) 0,84 c) 12,6 d) 0,060 e) 1,15 f) 0,08 g) 0,99 h) 0,56

2

a) 10,27763 Ü: $3 \cdot 4 = 12$
b) 138,0593 $60 \cdot 2 = 120$
c) 0,9796 $1 \cdot 1 = 1$
d) 234,938 $6 \cdot 40 = 240$
e) 5,21 $10 \cdot \frac{1}{2} = 5$
f) 7,632 $16 \cdot \frac{1}{2} = 8$

3

Tipp: Zähle die Nachkommastellen ab!

a) $52{,}731 \cdot 13{,}2 = 696{,}0492$
b) $0{,}13 \cdot 93{,}124 = 12{,}10612$
c) $8{,}02 \cdot 6{,}639 = 53{,}24478$
d) $727{,}1 \cdot 93{,}01 = 67\,627{,}571$

4

a) richtig
b) $7{,}1 \cdot 10 = 71$
c) richtig
d) $0{,}2 \cdot 0{,}2 = 0{,}04$
e) richtig
f) $0{,}003 \cdot 3 = 0{,}009$

5

Hier gibt es viele individuelle Lösungen.

a) z. B. $5 \cdot 1{,}25$; $2{,}5 \cdot 2{,}5$; $12{,}5 \cdot 0{,}5$
b) z. B. $0{,}62 \cdot 0{,}2$; $0{,}031 \cdot 4$; $0{,}0124 \cdot 10$

6

a) $A_{Rechteck} = 0{,}5\,m \cdot 0{,}85\,m = 0{,}425\,m^2$ ($= 42{,}5\,dm^2$)
b) $A_{Rechteck} = 12{,}58\,dm \cdot 27{,}7\,dm = 348{,}466\,dm^2$ ($= 3{,}48466\,m^2$)

7

a) $V = 22{,}5\,cm \cdot 14{,}5\,cm \cdot 3{,}5\,cm = 1141{,}875\,cm^3 \approx 1{,}1\,dm^3$
b) $V = 6337{,}5\,cm^3 \approx 6{,}3\,dm^3$
c) $V = 4375\,cm^3 \approx 4{,}4\,dm^3$
d) $V = 15\,000\,cm^3 = 15\,dm^3$
e) $V = 30\,000\,cm^3 = 30\,dm^3$
f) $V = 10\,500\,cm^3 = 10{,}5\,dm^3$

Es gilt: a) < c) < b) < f) < d) < e)

3.8 Dividieren einer Dezimalzahl durch eine ganze Zahl

1

a) 0,03 b) 0,7 c) 0,22 d) 0,14 e) 0,003 f) 1,03 g) 0,7 h) 0,007

2

Hier musst du nicht jedesmal neu rechnen, sondern nur jeweils das Komma richtig verschieben.

a) 85,2 b) 8,52 c) 0,852 d) 0,0852 e) 85,2 f) 8,52
g) 0,852 h) 0,0852 i) 8,52 j) 0,852 k) 0,0852 l) 0,00852

3

a) 5,98 b) 7,089 c) 2,84 d) 66,54 e) 0,704 f) 0,034 g) 18,213 h) 2,34

4

a) 30,32 : 8 = 3,97 b) 41,25 : 3 = 13,75 c) 6,828 : 12 = 0,569
d) 32,2 : 5 = 6,44 e) 110,432 : 7 = 15,776 f) 64,98 : 9 = 7,22

5

a) Jede Seite ist 5,79 m : 3 = 1,93 m lang.
b) Jede Seite ist 7,5 dm : 4 = 1,875 dm = 18,75 cm lang.

6

a) Eine Flasche kostet 4,68 € : 12 = 0,39 €.
b) Eine Flasche müsste 7,98 € : 6 = 1,33 € kosten.

7

Jeder Schüler bekommt 355 € : 32 ≈ 11,09 € zurück.

3.9 Dividieren von Dezimalzahlen

1

a) 50 b) 4 c) 8 d) 4 e) 3 f) 12 g) 30 h) 2200

2

a) 6,31 b) 14,57 c) 0,581 d) 25,2 e) 22,5 f) 10,023

3

a) 5 b) 23 c) 12,3

4

Berechne zuerst die Grundfläche, also $1{,}5\,\text{m} \cdot 0{,}6\,\text{m} = 0{,}9\,\text{m}^2$.
Wandle in dm^2 um: $0{,}9\,\text{m}^2 = 90\,\text{dm}^2$
Die Höhe des Wassers ist $800\,\text{dm}^3 : 90\,\text{dm}^2 = 8{,}9\,\text{dm} = 89\,\text{cm}$.

3.10 Dezimalzahlen und Brüche

1

a) abbrechende Dezimalzahlen:
$\frac{1}{4} = 0{,}25$; $\frac{3}{4} = 0{,}75$; $\frac{1}{8} = 0{,}125$; $\frac{3}{8} = 0{,}375$; $\frac{1}{5} = 0{,}2$

periodische Dezimalzahlen:
$\frac{1}{3} = 0{,}\overline{3}$; $\frac{1}{6} = 0{,}1\overline{6}$; $\frac{5}{6} = 0{,}8\overline{3}$; $\frac{1}{7} = 0{,}\overline{142857}$; $\frac{2}{7} = 0{,}\overline{285714}$; $\frac{1}{9} = 0{,}\overline{1}$

b) Brüche, deren Nenner nur durch 2, 4, 5 und 8 teilbar sind, sind abbrechend. Kommen andere Teiler im Nenner vor (insbesondere 3), so sind sie periodische Dezimalzahlen.

2

$0{,}375 = \frac{3}{8}$ (E); $0{,}\overline{1} = \frac{1}{9}$ (I); $0{,}8 = \frac{4}{5}$ (N); $0{,}\overline{6} = \frac{2}{3}$ (S); $0{,}\overline{3} = \frac{1}{3}$ (T); $0{,}1 = \frac{1}{10}$ (E); $0{,}08\overline{3} = \frac{1}{12}$ (I); $0{,}\overline{8} = \frac{8}{9}$ (N).
Das Lösungswort ist: EINSTEIN

3

a) $0{,}\overline{142857}$ b) $0{,}\overline{047619}$ c) $0{,}0\overline{285714}$

4

a) eine 6 b) eine 6 c) eine 4

5

Eine Periode kann bei einem Stammbruch maximal so lang sein wie der Nenner −1.

3.11 Rechenausdrücke mit Brüchen und Dezimalzahlen

1

a) Addiere zu $\frac{3}{4}$ das Produkt aus $\frac{5}{4}$ und $\frac{1}{2}$.

$\frac{3}{4} + \frac{5}{4} \cdot \frac{1}{2} = \frac{3}{4} + \frac{5}{8} = \frac{11}{8}$

b) Multipliziere die Summe aus $\frac{1}{5}$ und $\frac{3}{10}$ mit der Summe aus $\frac{5}{3}$ und $\frac{7}{4}$. Ergebnis: $\frac{41}{24}$

c) Addiere $\frac{3}{5}$ zu $\frac{3}{10}$, subtrahiere $\frac{1}{10}$ und addiere 2. Ergebnis: $\frac{14}{5}$

d) Multipliziere die Brüche $\frac{1}{8}$, $\frac{2}{5}$, $\frac{3}{2}$ und $\frac{5}{8}$. Ergebnis: $\frac{3}{64}$

e) Addiere zu 0,75 das Produkt aus 2 und der Summe aus 0,25 und 1,5. Ergebnis: 4,25

f) Addiere zu 10,9 den Quotienten aus 0,5 und 1,25. Ergebnis: 11,3

2

a) $\frac{9}{2} \cdot \frac{4}{15} + \left(\frac{7}{10} - \frac{1}{5}\right) = \frac{17}{10}$

b) $\left(\frac{1}{4} + \frac{5}{8}\right) - \frac{9}{20} : \frac{2}{5} = -\frac{1}{4}$

c) $5 : 8 \cdot \left(\frac{7}{3} - \frac{4}{5}\right) = \frac{23}{24}$

3

a) $\frac{1}{4} \cdot \left(\frac{7}{10} - \frac{3}{10}\right) + \frac{9}{10} = 1$

b) $\frac{2}{3} + 3 \cdot \left(\frac{3}{4} - \frac{1}{4}\right) = \frac{13}{6}$ c) $\left(\frac{5}{6} + \frac{1}{2}\right) \cdot \left(\frac{5}{4} - \frac{7}{8}\right)$

4

a) 2 b) 1 c) 3

5

a) $\frac{1}{4} + \frac{2}{3} \cdot \frac{6}{8} = \frac{1}{4} + \frac{1}{2} = \frac{3}{4}$

b) $\frac{20}{15} : \frac{5}{18} + \frac{1}{3} = \frac{4}{3} \cdot \frac{18}{5} + \frac{1}{3} = \frac{24}{5} + \frac{1}{3} = \frac{77}{15}$

6

a) $\frac{5}{8} \cdot \left(\frac{7}{3} - \frac{2}{7}\right) = \frac{5}{8} \cdot \frac{7}{3} - \frac{5}{8} \cdot \frac{2}{7}$

b) $4{,}9 \cdot (1{,}7 + 2{,}8) = 1{,}7 \cdot 4{,}9 + 2{,}8 \cdot 4{,}9$

c) $\frac{3}{8} \cdot \left(\frac{5}{11} - \frac{2}{9}\right) = \frac{3}{8} \cdot \frac{5}{11} - \frac{2}{9} \cdot \frac{3}{8}$

d) $5{,}7 \cdot (3{,}5 + 2{,}5) = 3{,}5 \cdot 5{,}7 + 2{,}5 \cdot 5{,}7$

7

a) $\frac{7}{6}$ b) $\frac{1}{3}$

c) $\frac{15}{4}$ d) 33

8

a) $\frac{32}{77}$ b) $\frac{1}{6}$

c) 10 d) 14,3

9

a) $\frac{7}{3}$ b) $\frac{1}{3}$ c) 2,25 d) 0,6 e) 1,5 f) 3,6

3.12 Rechenausdrücke mit Variablen

1

a) 10; 25; −5; 2,5; 1
b) 5; 11; −1; 2; $1\frac{2}{5}$
c) $\frac{1}{2}$; $\frac{5}{4}$; $-\frac{1}{4}$; $\frac{1}{8}$; $\frac{1}{20}$
d) 3; 4,5; $\frac{3}{2}$; $2\frac{1}{4}$; $2\frac{1}{10}$
e) 3,5; $4\frac{1}{4}$; $2\frac{3}{4}$; $3\frac{1}{8}$; $3\frac{1}{20}$
f) 24; 15; 33; 28,5; $29\frac{2}{5}$

2

a) a steht für das Alter von David.
b) x steht für die Zahl der Mädchen.
c) x steht für die Seitenlänge.
d) e steht für das Gewicht des Elefanten, w für den Wal.

3

a) z. B. $x = 2$ und $y = 6$; $x = 6$ und $y = 5$
b) Tanita hat die Aufgabe richtig gelöst. Sie hat dabei $x = y$ gesetzt und das Verteilungsgesetz angewendet.

4

a) Jonas wird voraussichtlich $(200 + 180 + 13) : 2 = 196{,}5$, also 1,965 m groß.
b) Für Mädchen gilt: $(x + y - 13) : 2$
Jasmin wird voraussichtlich 1,765 m groß.

3.13 Rechenausdrücke mit Variablen aufstellen

1

a) $x - 5$
b) $\frac{1}{2}x + 2$
c) $\frac{1}{4}x \cdot 3 \left(= \frac{3}{4}x\right)$

2

a) $4x$
b) $4x + 3 \cdot 1{,}4 \cdot x = 4x + 4{,}2x \ (= 8{,}2x)$

3

a) $20 + x$
b) $20 + 6 = 26$; $20 + 12 = 32$; $20 + 36 = 56$

4

a) 3; fehlender Wert: 9
b) 1; fehlender Wert: 17

5

a) $x + 2$
b) $3x + 2$

Test

1

Für jede richtigte Teilaufgabe gibst du dir 1 Punkt.

a) 122,331
Ü: $70 \cdot 2 = 140$

b) 63 525,393
$500 \cdot 100 = 50\,000$

c) 17,3
$240 : 12 = 20$

d) 22,71
$69 : 3 = 23$

2

Auch hier gibt jede Teilaufgabe 1 Punkt.

a) $\frac{5}{16}$ b) $\frac{7}{27}$ c) $\frac{2}{3}$ d) $\frac{4}{3}$

3

Wiederum ist jede richtige Teilaufgabe 1 Punkt wert.

a) 3,5 b) 9,5 c) $\frac{5}{8}$ d) $\frac{4}{3}$

4

Wieder gibt es für jede richtige Teilaufgabe 1 Punkt.

a) $\frac{11}{30}$ b) $\frac{5}{2}$ c) $\frac{1}{2}$ d) 1,96 e) 11 f) 255

5

Für die Berechnung der Grundfläche und der Höhe gibt es jeweils 1 Punkt, für den richtigen Lösungsweg ebenfalls 1 Punkt.

$A_{\text{Grundfläche}} = 0{,}8\,\text{m} \cdot 0{,}5\,\text{m} = 0{,}4\,\text{m}^2$

Höhe $= 0{,}16\,\text{m}^3 : 0{,}4\,\text{m}^2 = 0{,}4\,\text{m}$ (= 40 cm)

Das Wasser steht 0,4 m hoch.

6

Aufgabe 6 gibt 3 Punkte. Ziehe für jeden Fehler einen Punkt ab.

Der Einkauf kostet: $2 \cdot 0{,}79\,€ + 2{,}5 \cdot 1{,}90\,€ + 4 \cdot 0{,}59\,€ + 2 \cdot 1{,}09\,€ = 10{,}87\,€$

Das Geld reicht also nicht.

4 Kreise und Winkel

4.1 Kreise

1

Überprüfe deine Kreise selbst.

a) d = 8 cm b) d = 74 mm = 7,4 cm c) r = 8,6 cm d) r = 5,8 cm

2

a) r = 2,5 cm b) r = 24 mm = 2,4 cm c) r = 3,6 cm d) r = 5,3 cm

3

(8 | 4); (5 | 7); (2 | 4); (5 | 1)

4

a) –

b) $\overline{MA} \approx 3{,}2\,cm$; $\overline{MB} \approx 2{,}2\,cm$; $\overline{MC} \approx 2{,}2\,cm$; $\overline{MD} \approx 5\,cm$

5

a) Düsseldorf, Bonn b) Wesel, Dortmund c) Gütersloh

6

a) M(3 | 4)

b) Die vier Punkte bilden die Eckpunkte eines Rechtecks. Der Mittelpunkt des Kreises, der durch diese Eckpunkte geht, ist der Schnittpunkt der Diagonalen.

4.2 Kreismuster

1
–

2
a) Die Abbildung bei der Aufgabe zeigt dir, wie du die Figur konstruieren musst.

b) Du erhältst diesen Stern:

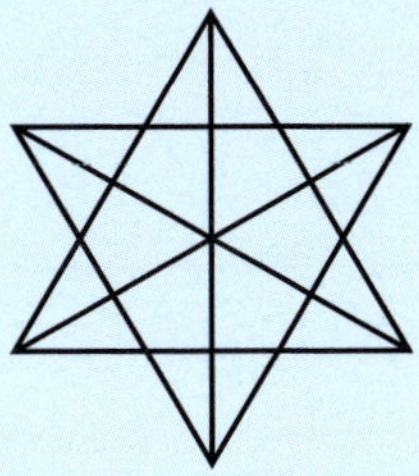

3
Bei vielen der Teilkreise erkennst du aus der Abb., wo du den Zirkel einstechen musst, z. B. in den Eckpunkten des Quadrats. In anderen Fällen musst du es praktisch ausprobieren.

4
–

4.3 Winkel

1
a), b)

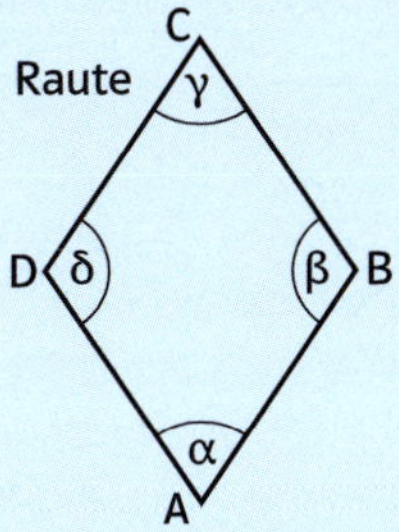

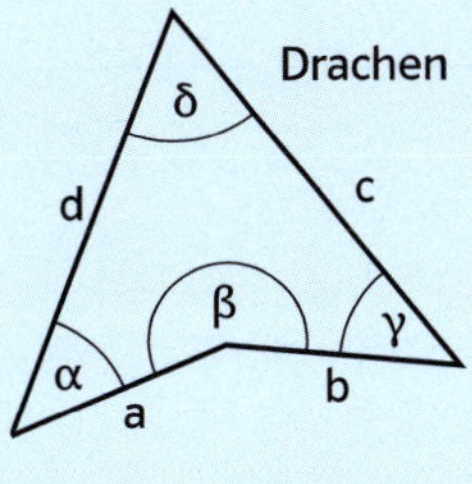

2

a) α: 43 kg; β: 67 kg; γ: 109 kg

b)

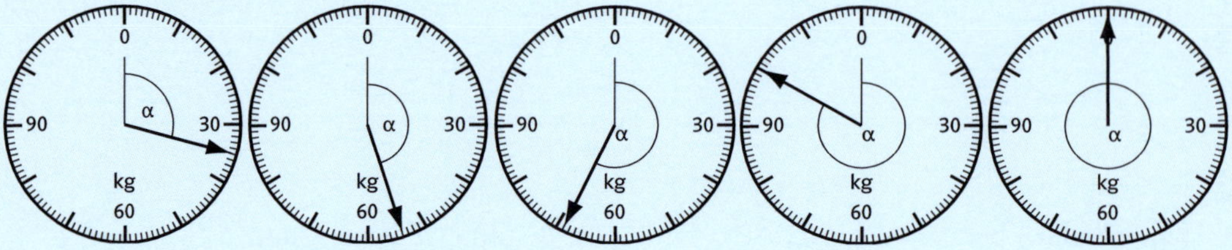

4.4 Winkelarten

1

a)

α = BAD
β = CBA
γ = DCB
δ = CDA

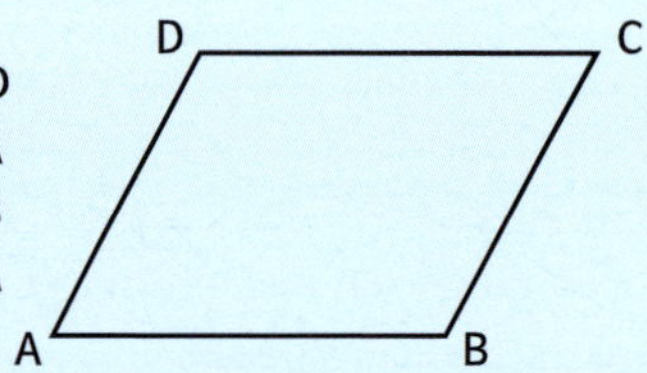

α und γ sind spitze Winkel, β und δ sind stumpfe Winkel.

b)

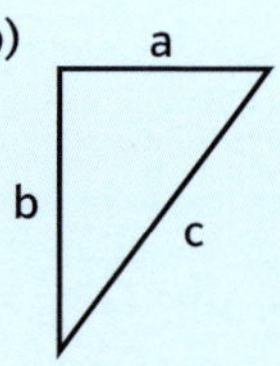

α = ∢ b, c
β = ∢ c, a
γ = ∢ a, b

α und β sind spitze Winkel, γ ist ein rechter Winkel.

2

α: überstumpf; β: überstumpf; γ: stumpf; γ < α < β

3

a) ① drei spitze Winkel; ② α und β spitze; γ rechter Winkel;
③ α stumpfer, β und γ spitze Winkel

b) Ein Dreieck besteht entweder aus drei **spitzen** Winkeln oder aus zwei **spitzen** Winkeln und einem **rechten** Winkel oder aus zwei **spitzen** und einem **stumpfen** Winkel.

4.5 Winkel schätzen und messen

1

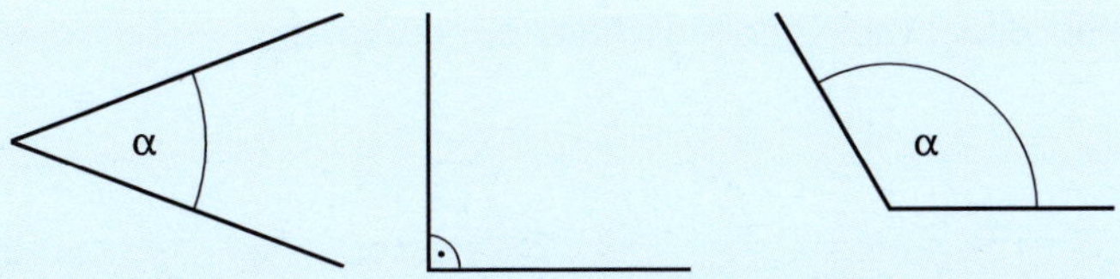

Winkelgröße	$0° < \alpha < 90°$	$\alpha = 90°$	$90° < \alpha < 180°$
Winkelart	spitz	rechter Winkel	stumpf

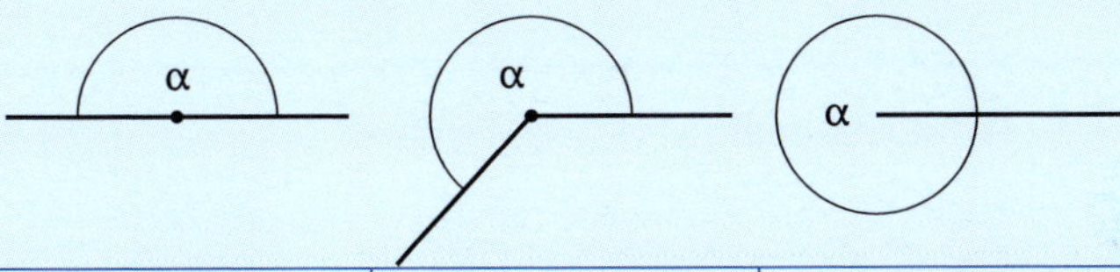

Winkelgröße	$\alpha = 180°$	$180° < \alpha < 360°$	$\alpha = 360°$
Winkelart	gestreckt	überstumpf	Vollwinkel

2

$\alpha = 70°$; $\beta = 150°$; $\gamma = 135°$; $\delta = 270°$; $\varepsilon = 30°$; $\zeta = 211°$; $\nu = 24°$; $\mu = 250°$; $\omega = 120°$

3

$\alpha = 50°$; $\beta = 125°$; $\gamma = 210°$; $\delta = 295°$

4

a) Spieler B

b) Wenn der Torwart dem Spieler mit dem Ball entgegenläuft, wird der Winkel für einen Torschuss immer enger („verkürzt").

5

a) Stickstoff: 281°; Sauerstoff: 76°; Edelgase und Kohlendioxid: 3°

b) Stickstoff: $\frac{281}{360} \approx 78\,\%$; Sauerstoff: $\frac{76}{360} = \frac{19}{90} \approx 21\,\%$; Edelgase und Kohlendioxid: $\frac{3}{360} = \frac{1}{120} \approx 1\,\%$

6

$\alpha \approx 5°$; $\beta \approx 14°$

4.6 Winkel zeichnen

1

Kontrolliere dich selbst oder bitte einen Mitschüler um Prüfung.

2

a) spitz

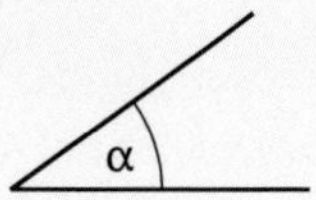

b) spitz

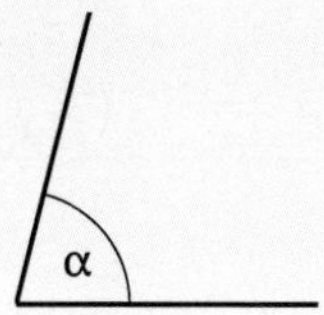

c) stumpf

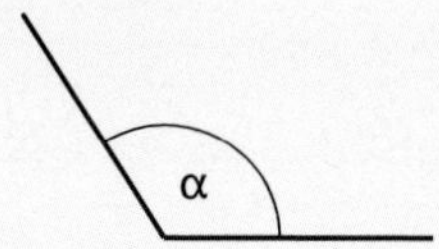

d) überstumpf

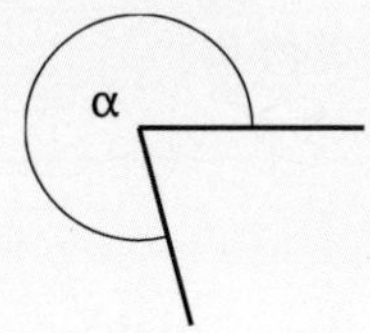

e) spitz

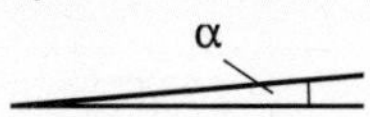

f) überstumpf

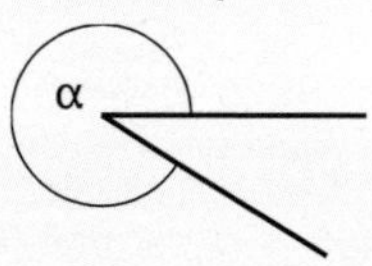

g) spitz

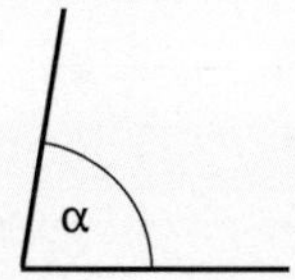

h) spitz

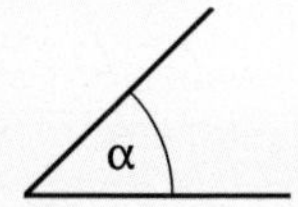

3

a)

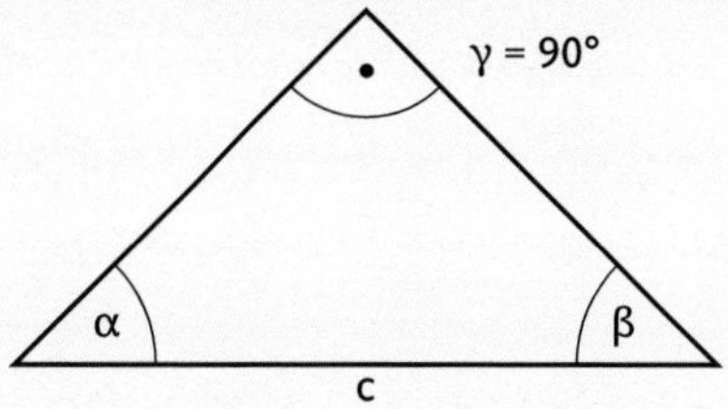

b)

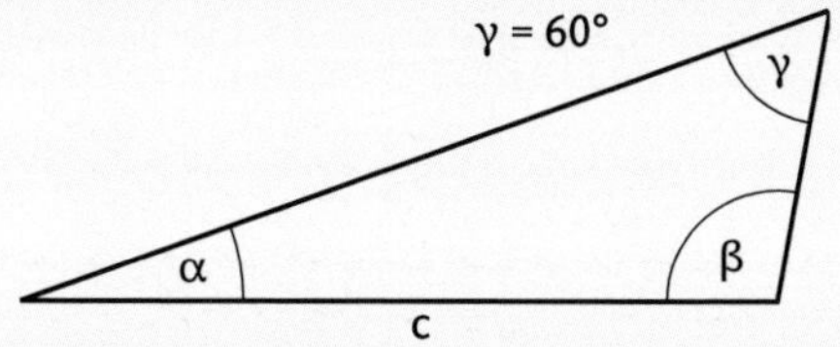

c)

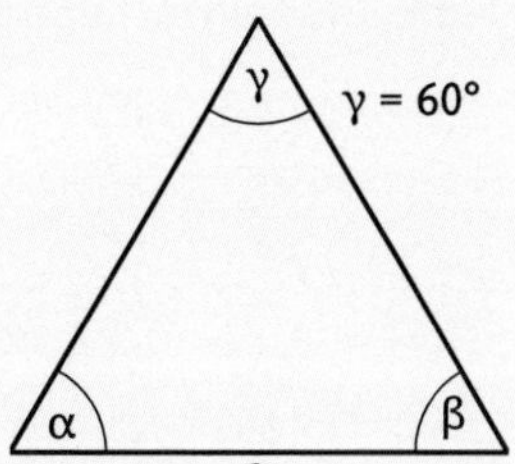

Alle Winkel sind zusammen 180° groß. Es gilt also: $\alpha + \beta + \gamma = 180°$.

4

① 70° nach links ② 35° nach links ③ 17° nach rechts ④ 85° nach rechts

Eine Abbweichung deiner Messung um ein oder zwei Grad von diesen Werten kannst du als normal betrachten.

5

a) ε = 82°

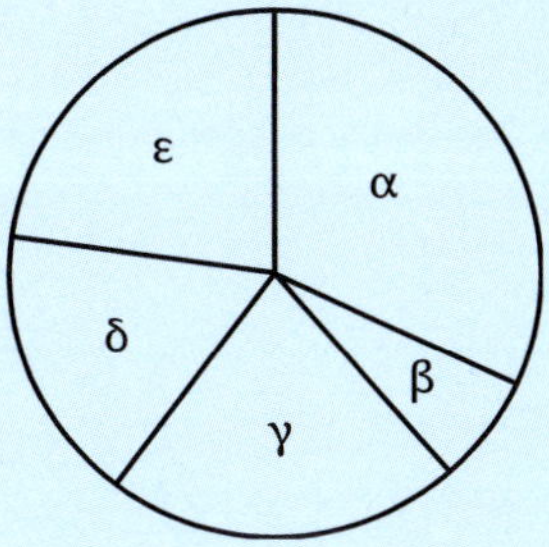

b) ε = 50°

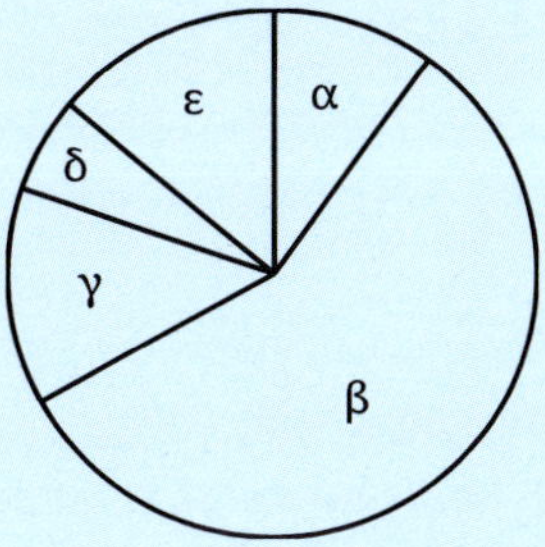

6

a)

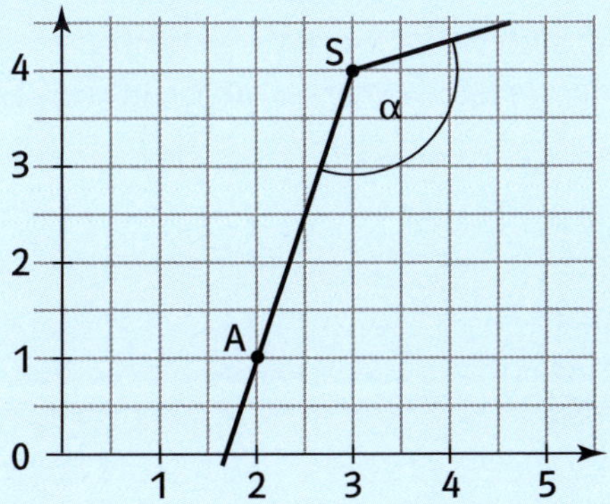

b)

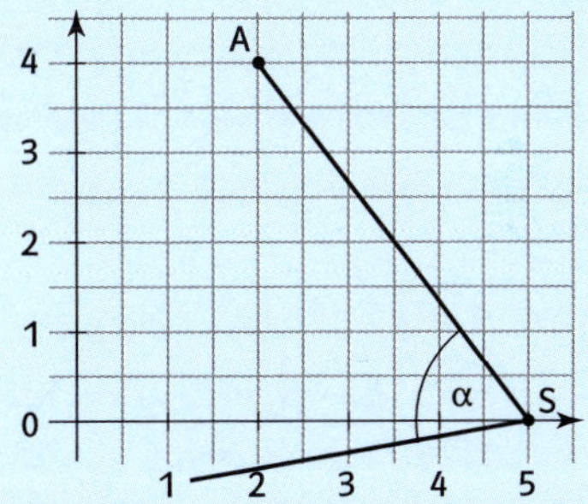

7

a)

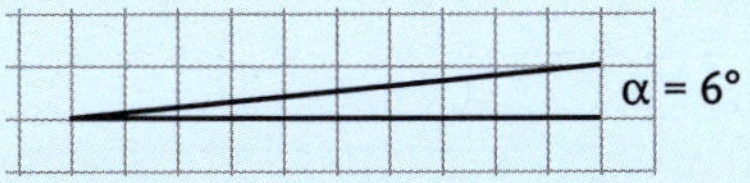

b) α ≈ 4,5°

4.7 Winkelbeziehungen

1

a) α = 42°; δ = β = 180° – 42° = 138°

b) γ = 83°; β = 34°; α = δ = 180° – 83° – 34° = 63°

2

$\gamma = 133°$; $\beta = \delta = 180° - 133° = 47°$

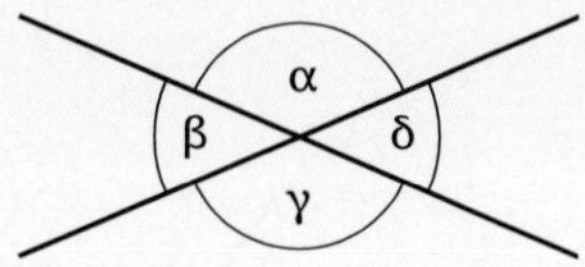

3

a) 162°; 125°; 90°; 64°; 17°

b) Da α und β Nebenwinkel sind, ist der Scheitelwinkel von β so groß wie α, also 48°.

4

a) Stimmt. Bei zwei sich schneidenden Geraden gibt es zwei gleiche Paare von Nebenwinkeln. Ist ein Winkel 90°, so ist auch sein Nebenwinkel 90° und somit auch die beiden anderen Winkel.

b) Nebenwinkel sind zusammen 180°. Da ein spitzer Winkel jedoch kleiner als 90° ist, können zwei Nebenwinkel nie spitzwinklig sein.

5

a) $\alpha_2 = \alpha_1 = \gamma_2 = \gamma_1 = 58°$; $\beta_1 = \beta_2 = \delta_1 = \delta_2 = 180° - 58° = 122°$

b) $\beta_1 = \beta_2 = \delta_1 = \delta_2 = 117°$; $\alpha_1 = \alpha_2 = \gamma_1 = \gamma_2 = 180° - 117° = 63°$

c) $\beta_1 = \beta_2 = \delta_1 = \delta_2 = 150°$; $\alpha_1 = \alpha_2 = \gamma_1 = \gamma_2 = 180° - 150° = 30°$

6

a)

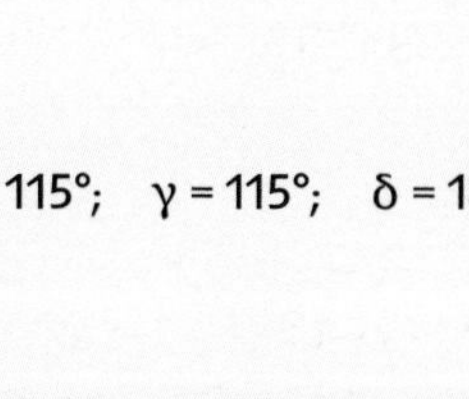

b)

c)

7

$\alpha = 115°$; $\gamma = 115°$; $\delta = 180° - 115° = 65°$

8

a) β und δ sind Wechselwinkel, also gleich groß. Ebenso sind α_1 und γ_1 wie auch α_2 und γ_1 Wechselwinkel, also gilt $\alpha_1 = \gamma_2$ und $\alpha_2 = \gamma_1$.

b) $\beta = \delta = 100°$; $\alpha_1 = 34° = \gamma_2$; $\alpha_2 = \gamma_1 = 180° - 34° = 146°$

Test

1
Du kannst z. B. die Winkel von der Spitze ausgehend mit α, β usw. bezeichnen. Dann ist α ein spitzer Winkel (60°), β ein stumpfer (150°). Die weiteren Winkel haben die Werte 210°, 150°, 30°, 240°, 240° 30°, 150°, 210°, 150°.

2
a) Es handelt sich um eine Raute.

b) $\alpha = 74°$; $\delta = 106°$

3
(1 | 3); (7 | 3); (4 | 0); (4 | 6)

4
Der letzte Auschnitt hat den Winkel
$360° - 75° - 38° - 192° - 13° = 42°$.

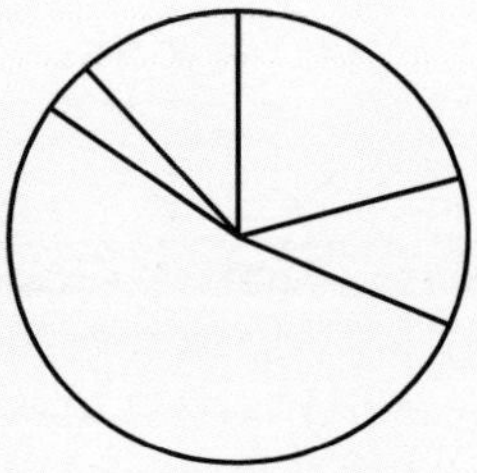

5
a)

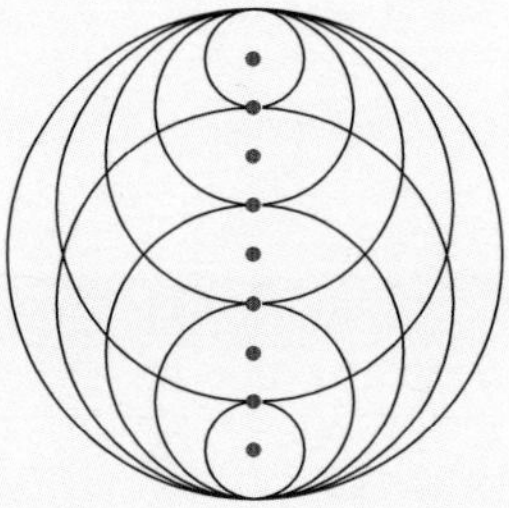

b) Für dieses Mandala benötigt man fünf verschiedene Radien.

(2 Punkte je richtig gelöster Teilaufgabe.)

6
a) $\gamma = \alpha = 37°$, weil Scheitelwinkel; $\beta = \delta = 180° - 37° = 143°$, da Nebenwinkel von α.

b) $\gamma = 62°$, weil Wechselwinkel; $\alpha = \gamma = 62°$, da Stufenwinkel; $\delta = 180° - \gamma = 118°$, da Nebenwinkel.

5 Daten erfassen, darstellen und interpretieren

5.1 Anteile und Häufigkeiten

1

Sportart	Fußball	Tischtennis	Basketball	Turnen	Sonstiges
Anzahl	25	12	15	6	2
Anteil	$\frac{25}{60} = \frac{5}{12}$	$\frac{12}{60} = \frac{1}{5}$	$\frac{15}{60} = \frac{1}{4}$	$\frac{6}{60} = \frac{1}{10}$	$\frac{2}{60} = \frac{1}{30}$
Prozent	≈ 41,7 %	20 %	25 %	10 %	≈ 3,3 %

2

Hobby	Lesen	Computer	Sport	Fernsehen	Sonstiges
Anzahl	6	12	8	5	1
Anteil	$\frac{6}{32} = \frac{3}{16}$	$\frac{3}{8}$	$\frac{1}{4}$	$\frac{5}{32}$	$\frac{1}{32}$
Prozent	18,75 %	37,5 %	25 %	15,625 %	3,125 %

3

Summe	2	3	4	5	6	7	8	9	10	11	12
Anzahl	11	25	34	48	62	84	59	39	21	15	2
Anteil	$\frac{11}{400}$	$\frac{25}{400}$	$\frac{34}{400}$	$\frac{48}{400}$	$\frac{62}{400}$	$\frac{84}{400}$	$\frac{59}{400}$	$\frac{39}{400}$	$\frac{21}{400}$	$\frac{15}{400}$	$\frac{2}{400}$
Prozent	2,75%	6,25%	8,5%	12%	15,5%	21%	12,25%	9,75%	5,25%	3,75%	0,5%
berechnete Wahrschein-lichkeit	$\frac{1}{36} \approx$ 2,8 %	$\frac{2}{36} \approx$ 5,6 %	$\frac{3}{36} \approx$ 8,3 %	$\frac{4}{36} \approx$ 11,1 %	$\frac{5}{36} \approx$ 13,9 %	$\frac{6}{36} \approx$ 16,7 %	$\frac{5}{36} \approx$ 13,9 %	$\frac{4}{36} \approx$ 11,1 %	$\frac{3}{36} \approx$ 8,3 %	$\frac{2}{36} \approx$ 5,6 %	$\frac{1}{36} \approx$ 2,8 %

5.2 Diagramme (richtig) lesen

1

a) Klospülung: $\frac{112°}{360°} \approx 0{,}31 \approx 31\%$. Dies entspricht $\frac{31}{100} \cdot 150$ l, also etwa 46,5 l.

Geschirr spülen: $\frac{25°}{360°} \approx 7\%$, also etwa 10,5 l

Trinken, Kochen: $\frac{11°}{360°} \approx 3\%$, also etwa 4,5 l

Boden, Duschen: $\frac{97°}{360°} \approx 27\%$, also etwa 40,5 l

Körperpflege: $\frac{25°}{360°} \approx 7\%$, also etwa 10,5 l

Wäsche waschen: $\frac{50°}{360°} \approx 14\%$, also etwa 21 l

Wohnungsreinigung: $\frac{14°}{360°} \approx 4\%$, also etwa 6 l

Sonstiges: $\frac{25°}{360°} \approx 7\%$, also etwa 10,5 l

b) Um den Wasserverbrauch zu verrringern, kann man beispielsweise beim Klospülen die Stopp-Taste drücken oder beim Duschen während des Einseifens das Wasser aus machen.

2

a) Innerhalb des ersten Jahres nimmt die Artenzahl ständig zu. Am Ende des Jahres hat sich die Artenzahl fast vervierfacht.

b) Als der Teich angelegt wurde, hat die Umwelt-AG den Teich mit sechs Plfanzenarten besiedelt.

c) Nach einem halben Jahr gab es 14, nach einem ganzen Jahr sogar 23 Pflanzenarten.

3

a) Nach ca. 5 – 6 Tagen bricht die Krankheit aus.

b) Nach etwa 21 Tagen beginnt die Phase der Gesundung.

c) Am 12. Tag ist das Fieber mit 40,4 °C am höchsten.

4

a)  steht für 1 Milliarde,  für 100 Millionen Einwohner

b) Deutschland ; USA ; Indien ; Indonesien 

5

a) Das Diagramm vermittelt den Eindruck, dass sich in den Monaten von November 05 bis Januar 06 die Arbeitslosenzahl etwa vervierfacht hat, was natürlich nicht stimmt. Der Eindruck entsteht, weil die Nulllinie der Grafik bei 4,4 Millionen Arbeitslosen liegt und dadurch geringe Änderungen große Unterschiede in der Höhe der Säulen bewirken.

b) Den Höchststand hatten die Arbeitslosenzahlen im Februar 05 mit etwa 5,2 Mio. Danach ging die Arbeitslosenzahl zurück bis zum Tiefstand im November 05 mit etwas mehr als 4,5 Mio Arbeitslosen. Im Winter 05/06 steigen die Arbeitslosenzahlen wieder an auf etwas mehr als 5 Mio Arbeitslose im Jan. 06. Das sind aber noch etwas weniger Arbeitslose als im selben Monat des Vorjahres.

6

Frau Müller analysiert, dass die Arbeitslosenquote kaum gesunken ist. Sie wird deshalb das 2. Diagramm verwenden. Um eine drastische Senkung der Arbeitslosenzahlen zu veranschaulichen, wird Herr Maier Diagramm 1 verwenden. Die Diagramme unterscheiden sich in der Höhe der Nulllinie.

5.3 Diagramme erstellen

1

Hier sind die zu den Hobbys gehörigen Winkelweiten. Damit kannst du dein Kreisdiagramm selbst kontrollieren.

Lesen: ≈ 68°; Computer: 135°; Sport: 90°; Fernsehen: ≈ 56°; Sonstiges: 11°

2

Das Säulendiagramm kannst du gut zeichnen, wenn du die Anzahl in mm abträgst. Dementsprechend ist die Säule für die Augensumme 2 11 mm = 1,1 cm hoch.

3

Mit diesen Winkelweiten kannst du dein Kreisdiagramm kontrollieren:

CDU/CSU ≈ 140°; SPD ≈ 138°; Grüne ≈ 19°; FDP ≈ 17°; Die Linken ≈ 29°; Sonstige ≈ 10°

4

Hier bietet es sich an, für 10 m Gebäudehöhe 2 mm = 0,2 cm im Säulendiagramm zu wählen. Multipliziere also die Höhe mit 2 und verschiebe das Komma um zwei Stellen nach links. Du erhältst die Höhe der Säulen in cm.

Cheops-Pyramide ≈ 2,7 cm; Empire State Building ≈ 7,6 cm; Petronas Twin Towers ≈ 9 cm;
Eiffelturm ≈ 6 cm; CN Tower ≈ 11,1 cm; Ulmer Münster ≈ 3,2 cm

Noch einfacher geht es, wenn du für 10 m Gebäudehöhe 1 mm = 0,1 cm wählst. Dann wird allerdings das Säulendiagramm sehr klein.

5

Mit diesen Winkelweiten kannst du dein Kreisdiagramm kontrollieren:

Wasser: 216°; Eiweiß: 72°; Fett: 54°; Minerale: 18°

6

Die größte Geschwindigkeit hat der Falke mit 350 $\frac{km}{h}$. Wenn du die Maßzahl mit 3 multiplizierst und das Komma um zwei Stellen nach links verschiebst, erhältst du ein schönes Säulendiagramm.
Gepard: 3,3 cm; Falke: 10,5 cm; Rennpferd: 2,7 cm; Schwalbe: ≈ 6,5 cm;
100-m-Läufer: ≈ 1,5 cm; Radrennfahrer: ≈ 1,6 cm.

7

Wenn du pro Medaille 1 Kästchen nimmst, wird dein Diagramm maximal 15 cm hoch. Dabei fällt auf, dass die Anzahl der Medaillen nicht ausschlaggebend ist für die Rangliste im Medaillenspiegel. Norwegen als 13. hat beispielsweise viel mehr Medaillen als das sechstplatzierte Schweden. Es ist hier zunächst nach der Zahl der Goldmedaillen geordnet, dann bei gleicher Zahl der Goldmedaillen nach der Zahl der Silbermedaillen usw.

5.4 Mittelwerte

1

Die durchschnittliche Jahrestemperatur in Stuttgart beträgt etwa 9,5°.

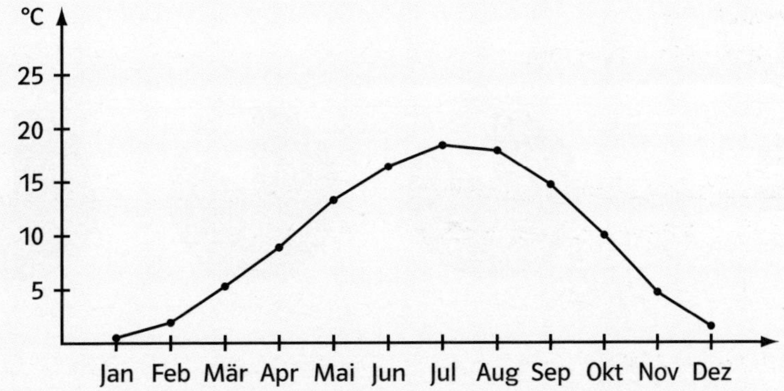

2

Luisa ist im Schnitt jeden Tag (2,4 km + 1,8 km + 2,2 km + 0,8 km + 1,5 km + 1,8 km + 1,2 km) : 7 ≈ 1,7 km geschwommen.

3

Alle Angaben sind Durchschnittswerte.

a) Der Mittelwert aller Arbeiten war 2,8. Das bedeutet nicht unbedingt, dass die eine Hälfte besser, die andere schlechter als 2,8 war.
b) Das bedeutet nicht, dass in Rom das ganze Jahr hindurch Tag und Nacht eine Temperatur von 15,4° C herrscht.
c) Halbe Tore kann niemand schießen.
d) Der Rennfahrer ist nicht ununterbrochen mit 212,63 $\frac{km}{h}$ gefahren.

Test

1

a) In der Stadt regnet, hagelt und schneit es pro Jahr etwa 665 mm.

b) Niederschläge in mm

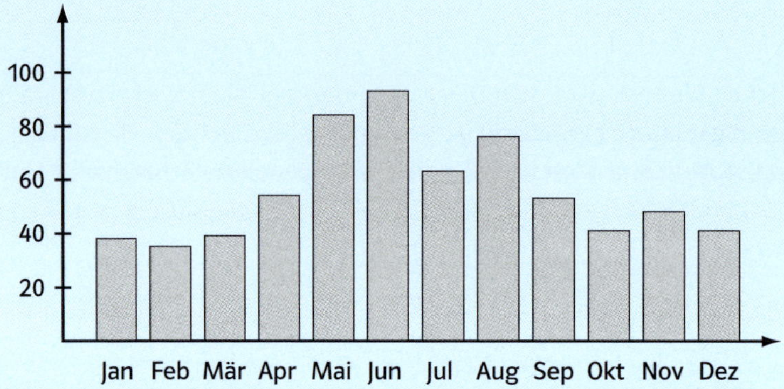

2

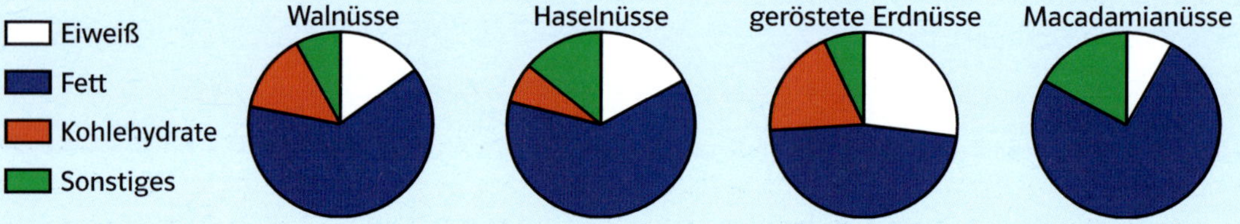

3

Name	Stimmenzahl	Anteil	Prozent	Winkel im Kreisdiagramm
Caroline	152	$\frac{152}{380} = \frac{2}{5}$	40 %	144°
Daniel	114	$\frac{114}{380} = \frac{3}{10}$	30 %	108°
Romy	76	$\frac{1}{5}$	20 %	72°
Milena	38	$\frac{38}{380} = \frac{1}{10}$	10 %	36°

4

a) Das Diagramm vermittelt den Eindruck, dass gegen Ende weit mehr Besucher da waren als am Rest des Abends.

b) Die Schülerzeitung ist dem Eindruck des Diagramms erlegen. Die Besucherzahlen zeigen, dass am Ende nicht einmal doppelt so viele Besucher auf der Disco waren wie zu Beginn.

6 Abhängigkeiten zwischen Größen

6.1 Abhängigkeiten beschreiben

1

a) 3 km
b) Nach 1,8 km wurde die geringste Geschwindigkeit gemessen.
c) Die Geschwindigkeit nimmt ab.
d) Zwischen 0,5 km und 1,4 km befindet sich der längste gerade Streckenabschnitt.
e)

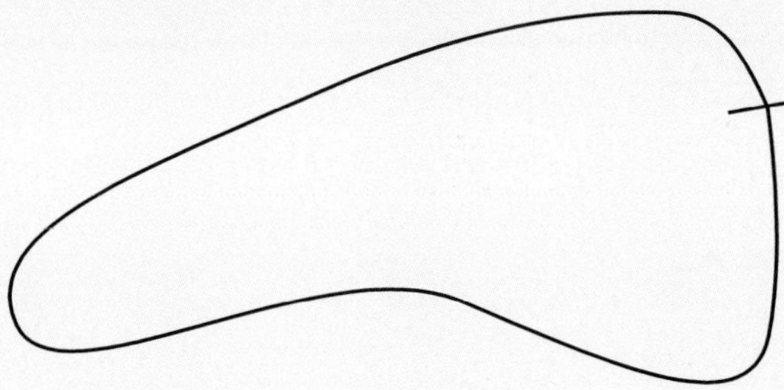

2

Etwa fünf Tage nach der Ansteckung beginnt die Krankheit mit einem Anstieg der Körpertemperatur auszubrechen. Das Fieber steigt kontinuierlich an, bis am 12. Tag die Höchsttemperatur mit 40,2 °C erreicht ist. Bis zum 21. Tag bleibt das Fieber fast konstant hoch, danach sinkt die Temperatur ab, bis der Körper am 26. Tag wieder fieberfrei ist.

3

Von Dezember 2005 bis Mitte Januar 2006 steigt der DAX bis auf kleinere Schwankungen konstant an auf über 5500 Punkte. Danach folgt ein kleiner Einbruch auf etwa 5350 Punkte. Nach einem steilen Anstieg auf über 5600 Punkte setzt der DAX seinen kontinuierlichen Anstieg fort.

4

a) Die Tiefsttemperaturen hat Rom im Januar mit etwa 7 °C. Danach steigt die Temperatur an, bis sie in den Sommermonaten Juli und August mit ca. 24 °C den Höchststand erreicht. Danach sinken die Durchschnittstemperaturen fast gleichmäßig ab.
b) Die offizielle Durchschnittstemperatur ist 15,5 °C. Da du die Werte nicht genau ablesen kannst, genügt es, wenn dein errechneter Wert in etwa dem der Durchschnittstemperatur entspricht.

6.2 Abhängigkeiten in Schaubildern darstellen

1

a)

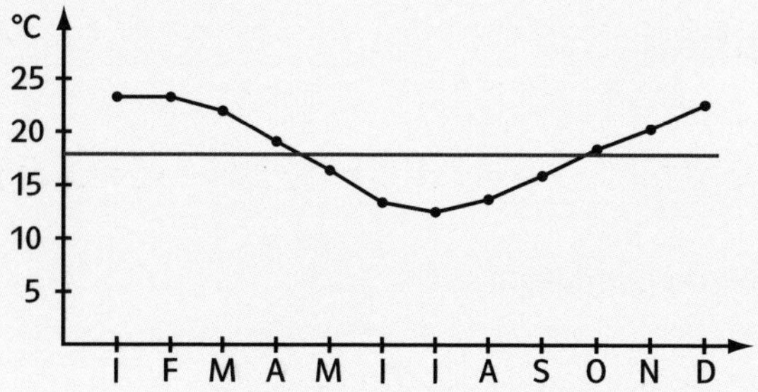

b) ≈ 17,9 °C

2

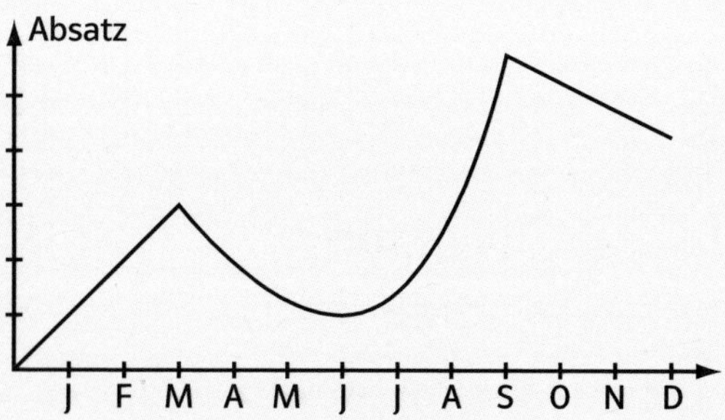

6.3 Der Dreisatz bei proportionaler Zuordnung

1

Nur bei Aufgabe b) darfst du den Dreisatz anwenden.

2

a) Auf 100 km verbraucht Herr Maier durchschnittlich 53 l : 6,2 ≈ 8,5 l Benzin.

b) Mit 30 l kommt er etwa 30 l : 8,5 l · 100 km ≈ 353 km weit.

3

Auf einen Einwohner entfallen $\frac{20}{15}$ m = $1{,}\overline{3}$ m; auf 82,5 Mio Menschen sind es dann 82 500 500 · $1{,}\overline{3}$ = 110 000 000 m = 110 000 km.

4

a)

links		rechts
	10 km ≙ 15 min	
:2	5 km ≙ $7\frac{1}{2}$ min	:2
·9	45 km ≙ $67\frac{1}{2}$ min	·9

b)

links		rechts
	15 min ≙ 10 km	
:3	5 min ≙ $\frac{10}{3}$ km	:3
·16	80 min ≙ $\frac{160}{3}$ km = $53\frac{1}{3}$ km	·16

c) Die Berechnungen stimmen nur, wenn Frau Glücklich immer mit der gleichen Geschindigkeit fährt..

5

links		rechts
	250 g ≙ 1,29 €	
:2,5	100 g ≙ 0,516 €	:2,5

links		rechts
	400 g ≙ 1,98 €	
:4	100 g ≙ 0,495 €	:4

links		rechts
	750 g ≙ 3,89 €	
:7,5	100 g ≙ 0,519 €	:7,5

Die größte Packung ist am teuersten.

6.4 Der Dreisatz bei antiproportionaler Zuordnung

1

links		rechts
	5 Schüler ≙ 2 h	
:5	1 Schüler ≙ **10 h**	·5
·4	4 Schüler ≙ **$2\frac{1}{2}$ h**	:4

2

a)

links		rechts
	30 Pferde ≙ 20 Tage	
:3	10 Pferde ≙ **60 Tage**	·3
·4	40 Pferde ≙ **15 Tage**	:4

b)

links		rechts
	20 Tage ≙ 30 Pferde	
:4	5 Tage ≙ **120 Pferde**	·4
·5	25 Tage ≙ **24 Pferde**	:5

3

a)

links		rechts
	40 Z ≙ 36 S	
:10	4 Z ≙ **360 S**	·10
·9	36 Z ≙ **40 S**	:9

b)

links		rechts
	36 S ≙ 40 Z	
:9	4 S ≙ **360 Z**	·9
·8	32 S ≙ **45 Z**	:8

4

Wende auch hier wieder das bekannte Lösungsschema an.

a)

:5 ↓	25 km ≙ 6 Tage	↓ · 5
·6 ↓	5 km ≙ **30 Tage**	↓ :6
	30 km ≙ **5 Tage**	

b) $7\frac{1}{2}$ Tage

c) 37,5 km

5

a) 10 Tage

b) 6 Bagger

6.5 Gleichungen

1

a) keine Lösung
b) keine Lösung
c) Lösung
d) keine Lösung
e) keine Lösung
f) Lösung

2

a) $x = 24$ b) $x = 16$ c) $x = 9$ d) $x = 5$ e) $x = 7$ f) $x = 9$ g) $x = 3$ h) $x = \frac{1}{2}$

3

① und ⑤; ② und ⑥; ③ und ④

4

$6x + 8 = 80$; $x = 12$

5

$8x - 13 = 59$; $x = 9$

6

$3x + 7 = 31$; $x = 8$

7

$\frac{1}{2}x + 23 = 30$; $x = 14$

8
$(2x + 8) : 2 = 7$; $x = 3$

9
$x + x + 1 = 21$; $x = 10$

10
$x + x - 1 + x + 1 - 5 = 13$; $x = 6$

11
$5x - 8 = 3x$; $x = 4$

12
a) 2,4 € + 1,5 € · x; x = 25, also 2,4 € + 1,5 € · 25 = 39,90 €

b) 30 € = 2,4 € + 1,5 € · x; also: 27,6 € = 1,5 € · x; x = 18,4. Herr Sparsam kann noch 18,4 km fahren.

13
a) (8 m − 2 · 1 m) : 2 = 3 m. Die Fläche ist dann 3 m · 1 m = 3 m^2

b) Z. B. 2 m, denn 2 m · 2 m = 4 m^2

14
x : Lukas

$x + x + 2 = 26$; also $x = 12$

Elisa ist also 14 Jahre, Lukas 12 Jahre alt.

15
x: Max

$2x + x + x - 6 = 62$; also $x = 17$

Max erhält also 17 Gummibärchen, Jasmin 34 und Linda 11.

16
x : Mario

$x + x - 8 + x - 6 = 31$; also $x = 15$

Mario bekam also 15 Stimmen, Nathalie 7 und Inga 9 Stimmen.

6.6 Umfang des Kreises

1

a) $U = 2\pi r \approx 12{,}6\,cm$ b) $U \approx 25{,}1\,cm$ c) $U \approx 2{,}1\,m$ d) $U \approx 1{,}57\,dm$

2

a) $r = \frac{U}{2\pi} \approx 1{,}6\,cm$; $d \approx 3{,}2\,cm$ b) $r \approx 11{,}5\,cm$; $d \approx 23\,cm$

c) $r \approx 0{,}2\,m$; $d \approx 0{,}4\,m$ d) $r \approx 8\,m$; $d \approx 16\,m$

3

a) $U \approx 67{,}9\,cm$ b) $r \approx 11{,}9\,cm$ c) $d \approx 18{,}5\,cm$

4

a) Der Umfang wird ebenfalls halbiert.   b) Der Durchmesser wird verdoppelt.

5

Wie du aus den Abbildung erkennst, sind alle Figuren aus Teilen von Kreisen zusammengesetzt, deren Durchmesser 4 cm bzw. deren Radius 2 cm beträgt. In der Summe der Teilkreise enthält jede Figur einen vollständigen Kreis. Wenn du die Formel für den Kreisumfang benutzt, erhältst du $U = 2r\pi = 4\,cm \cdot \pi = 12{,}56\,cm$. Alle Figuren haben den gleichen Umfang $U \approx 12{,}6\,cm$.

6

a) Rechnung mit einem Basketball ($U = 75\,cm$); neuer Umfang: $U = 85\,cm$;

$r = \frac{U}{2\pi} = \frac{75\,cm}{2\pi} \approx 11{,}9\,cm$; $r_{neu} = \frac{U_{neu}}{2\pi} = \frac{85\,cm}{2\pi} \approx 13{,}5\,cm$.

Der Abstand zwischen Ball und Schnur beträgt etwa 1,6 cm. Eine Ameise passt da gut durch.

b) Ja, denn auch hier beträgt der Abstand zwischen Erde und Schnurr wieder 1,6 cm.

Rechnung: $r_{Erde} = \frac{U}{2\pi} = \frac{4\,000\,000\,000\,cm}{2\pi} \approx 636\,942\,675{,}2\,cm$

$r_{neu} = \frac{U_{neu}}{2\pi} = \frac{4\,000\,000\,010\,cm}{2\pi} \approx 636\,942\,676{,}8\,cm$

Diese Werte erhältst du, wenn du mit $\pi = 3{,}14$ rechnest.

6.7 Flächeninhalt des Kreises

1

a) $A = \pi r^2 \approx 12{,}6\,cm^2$ b) $A \approx 50{,}3\,cm^2$ c) $A \approx 0{,}3\,m^2$ d) $A \approx 0{,}2\,dm^2$

2

$A_{Mittelkreis} = \pi r^2 = \pi \cdot (1{,}8\,m)^2 \approx 10{,}2\,m^2$

3

a) Wird der Radius verdoppelt, so vervierfacht sich der Flächeninhalt.

b) Wird der Flächeninhalt geviertelt, halbiert sich der Radius.

4

$r = \frac{60\,cm}{2\pi} \approx 9{,}5\,cm$; $A = \pi r^2 \approx 283{,}5\,cm^2$

5

Wähle z.B. als Radien $r_1 = 1$ und $r_2 = 2$. Dann ist $U_1 = 2\pi r_1 = 2\pi$ und $U_2 = 2\pi r_2 = 4\pi$, $A_1 = \pi r_1^2 = \pi$ und $A_2 = \pi r_2^2 = 4\pi$.

Der Umfang des größten Kreises ist also doppelt, der Flächenhinhalt viermal so groß wie der des kleineren Kreises.

Test

1

Für jede richtige Teilaufgabe kannst du dir 1 Punkt geben.

a) Die Rechnung würde $5\,€ + 27 \cdot 0{,}19\,€ = 10{,}13\,€$ betragen.

b) Jana könnte $(15\,€ - 5\,€) : 0{,}19\,€/min \approx 52\,min$ telefonieren.

2

a) Start der Etappe ist in Courchevel. Nach einer zuerst steilen, dann flacher werdenden Abfahrt folgt der Anstieg zum Col de la Madeleine, der nach 55 km erreicht ist. Am Fuß des Berges, nach 98 km, findet die erste Sprintwertung statt. Nach dem Aufstieg zum Col du Télégraphe nach 110 km und einer kurzen Abfahrt steht der 33 km lange Aufstieg zum Col du Galibier an. Nach der letzten Abfahrt und einer Sprintwertung in Moulin-Baron endet die Etappe in Briançon.

b) Sprintwertungen gibt es nach 98 km in St.-Michel-de-Maurienne und nach 162 km in Moulin-Baron.

c) Der höchste Punkt der Etappe, der Col du Galibier, ist nach 133 km erreicht.

3

a)

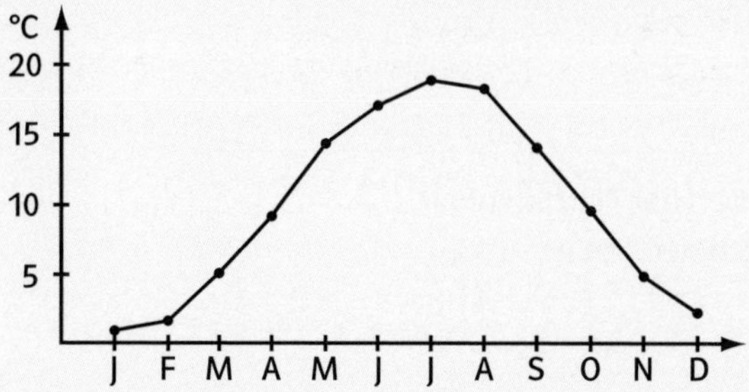

b) Die jährliche Durchschnittstemperatur von Berlin beträgt ≈ 9,2 °C.

(je 1,5 P.)

4

Hier kannst du mit dem Je-mehr-desto-mehr-Dreisatz rechnen.

:7 (35 l ≙ 43,75 €) :7

5 l ≙ 6,25 €

·10 (5 l ≙ 6,25 €) ·10

50 l ≙ 62,50 €

50 l kosten also 62,50 €.

5

Für eine richtige Teilaufgabe kannst du dir 1 Punkt geben.

a) $A_{Acker} = 35\,m \cdot 18\,m = 630\,m^2$ $\quad b = \frac{A}{a} = \frac{630\,m^2}{15\,m} = 42\,m$

b) $b = \frac{A}{a} = \frac{630\,m^2}{14\,m} = 45\,m$

6

Du kannst die Gleichungen durch Umkehraufgaben lösen. (je 1 P.)

a) $3x + 5 = 17$
$17 - 5 = 3x$
$12 = 3x$
$x = 4$

b) $x = 5{,}5$

c) $x = 28$

d) $x = 1$

7

Vertrag 1: 5 € + 0,39 € · 80 = 36,2 € (3 P.)

Vertrag 2: 9,95 € + 0,19 € · 80 = 25,15 €

Kerstin sollte also Vertrag 2 wählen.

8

Für eine richtige Teilaufgabe kannst du dir 1 Punkt geben.

a) 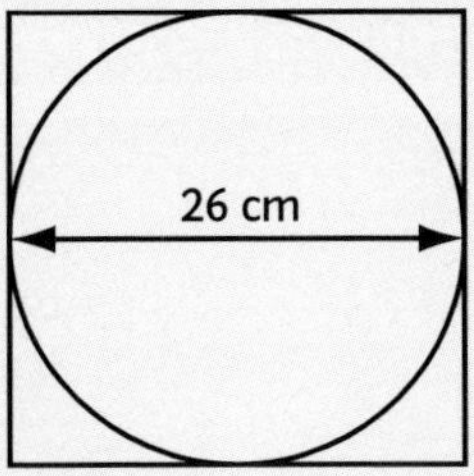

Die Schachtel muss mindestens $26\,cm \cdot 26\,cm = 676\,cm^2$ groß sein.

b) Die Serviette hat eine Fläche von $\pi \cdot (13\,cm)^2 \approx 531\,cm^2$.

9

Für eine richtige Teilaufgabe kannst du dir 1 Punkt geben.

$A_{Figur} = A_{großer\ Kreis} - A_{kleiner\ Kreis}$
$= \pi \cdot (2\,cm)^2 - \pi \cdot (1\,cm)^2$
$\approx 9{,}42\,cm^2$

$U_{Figur} = U_{großer\ Kreis} + U_{kleiner\ Kreis}$
$= \pi \cdot 4\,cm + \pi \cdot 2\,cm$
$\approx 18{,}85\,cm$

Bessere Noten in Klassenarbeiten

Topfit in die nächste Klassenarbeit!

- 12 Klassenarbeiten zu den wichtigsten Stoffgebieten des 5. Schuljahres zeigen, was drankommen kann
- Die Zeitvorgabe von 45 Minuten und die vorgegebenen Punkte für jede Aufgabe schaffen eine „echte" Klassenarbeitssituation
- Lösungen mit Tipps und Hinweisen zur Punktevergabe erleichtern das selbstständige Korrigieren
- Die zusammengezählten Punkte und die entsprechende Note verraten dir am Ende, wie gut du bist!

Bessere Noten in Klassenarbeiten
Deutsch 6. Schuljahr
Gymnasium
ISBN 978-3-12-927116-2

Bessere Noten in Klassenarbeiten
Englisch 6. Schuljahr
Gymnasium
ISBN 978-3-12-927117-9

Bessere Noten in Klassenarbeiten
Mathematik 6. Schuljahr
Gymnasium
ISBN 978-3-12-927112-4

Klett Lerntraining GmbH, Postfach 10 26 45, 70022 Stuttgart
Telefon 0180 · 255 38 82, Telefax 0180 · 255 38 83

Wissen ok!

Topfit in die nächste Klassenarbeit!

Definitionen, Erklärungen, Beispiele– Wissen ok! unterstützt dich dreifach:
- auf übersichtlichen Doppelseiten schnell alles Wichtige zu einem Thema nachschlagen
- mit Spickzetteln gezielt das Wichtigste kurz wiederholen
- mit heraustrennbaren Karteikarten selbst den Lernerfolg überprüfen

Wissen ok!
Deutsch 5./6. Schuljahr
Gymnasium
128 Seiten plus 16 Seiten Karteikarten
ISBN 978-3-12-926001-2

Wissen ok!
Mathematik 5./6. Schuljahr
Gymnasium
128 Seiten plus 16 Seiten Karteikarten
ISBN 978-3-12-926005-0

Wissen ok!
Englisch 5./6. Schuljahr
Gymnasium
128 Seiten plus 16 Seiten Karteikarte
ISBN 978-3-12-926003-6

Klett